环境风险感知、环境规制与环境行为关系的实证研究

——基于湖北省生猪规模养殖户的调查

张郁 汪超 著

中国财经出版传媒集团
经济科学出版社
Economic Science Press

图书在版编目（CIP）数据

环境风险感知、环境规制与环境行为关系的实证研究：基于湖北省生猪规模养殖户的调查/张郁，汪超著. —北京：经济科学出版社，2017. 3

ISBN 978 - 7 - 5141 - 7864 - 7

Ⅰ. ①环… Ⅱ. ①张…②汪… Ⅲ. ①养猪学 - 规模饲养 - 环境管理 - 风险管理 - 研究 Ⅳ. ①S828

中国版本图书馆 CIP 数据核字（2017）第 057095 号

责任编辑：刘 莎
责任校对：隗立娜
责任印制：邱 天

环境风险感知、环境规制与环境行为关系的实证研究
——基于湖北省生猪规模养殖户的调查
张 郁 汪 超 著
经济科学出版社出版、发行 新华书店经销
社址：北京市海淀区阜成路甲 28 号 邮编：100142
总编部电话：010 - 88191217 发行部电话：010 - 88191522
网址：www. esp. com. cn
电子邮件：esp@ esp. com. cn
天猫网店：经济科学出版社旗舰店
网址：http：//jjkxcbs. tmall. com
固安华明印业有限公司印装
710 × 1000 16 开 13. 5 印张 205000 字
2017 年 3 月第 1 版 2017 年 3 月第 1 次印刷
ISBN 978 - 7 - 5141 - 7864 - 7 定价：47. 00 元
（图书出现印装问题，本社负责调换。电话：010 - 88191510）

前　言

《环境风险感知、环境规制与环境行为关系的实证研究——基于湖北省生猪规模养殖户的调查》是湖北工业大学副教授张郁主持的国家社会科学基金一般项目“环境类邻避设施社会风险链阻断机制研究”（16BGL153）和湖北省教育厅哲学社会科学研究重大项目“县级政府生态绩效评价——以湖北为例”（14zd018）的阶段性成果。

近年来，随着我国养猪业规模化、集约化进程的不断推进，农牧脱节现象越来越严重，生猪养殖多带来的废弃物给周围的土壤、水体和大气均造成了极大的污染，成为我国农村环境污染的主要来源。我国养猪业亟待突破资源环境的约束，实现与社会经济生活的协调发展。激励养猪户这一生猪养殖过程中的重要行为主体实施环境行为，对其造成的环境污染进行合理有效的防治成为农村环境治理的重要课题。

已有的理论表明，心理因素是影响主体行为实施的重要影响因素。同时，心理因素和行为之间的关系会受到情境因素的影响。环境风险感知作为养猪户对生猪养殖所造成的环境风险的直观判断，是养猪户采取环境行为的重要心理基础。《畜禽规模养殖污染防治条例》等一系列法规的实施，使得政府的环境规制政策成为养猪户生猪养殖过程中最重要的情境因素。因此，本研究基于 ABC 理论构建分析框架，在湖北省生猪规模养殖户调研数据的基础上，分析其环境风险感知的程度并找出其影响因素，探究环境风险感知对养猪户环境行为的影响。之后，进一步通过实证分析来验证环境规制对养猪户环境风险感知—环境行为关系的调节效应。最后，基于以上研究结论提出相应的对策建议。全书的主要研究内容与研究结论如下：

研究内容一：我国养猪业的发展现状及所造成的环境风险问题、特征总结

本研究通过回顾我国养猪业发展的历史及现状，归纳总结出我国生猪养殖业对土壤、水体和大气造成了严重的污染。接着运用湖北省农业统计年鉴数据，基于环境承载力理论，对湖北省养猪业所造成土壤、水体和大气的时空特征进行总结和分析，验证当前养猪业所造成严峻污染状况。

研究内容二：养猪户环境风险感知现状及其影响因素分析

本研究基于风险三要素理论将养猪户环境风险感知划分为风险事实感知、风险原因感知和风险后果感知三个维度。通过描述性统计分析结果表明，养猪户的总体环境风险感知程度偏低，其中养猪户对环境风险损失的感知最高，而对环境风险原因的感知最低。接着，通过多元线性回归分析方法从内外因视角探寻了养猪户环境风险感知的影响因素，结果发现：在内在因素上，养猪户的个体及经营特征和环境态度是养猪户环境风险感知的重要影响因素，养猪户所接受的养殖培训数量、是否加入养殖合作社、养猪收入占总收入的比重及养殖规模均显著影响其环境风险感知。环境态度上，养猪户对粪污处理设施、粪污资源化处理的态度均正向的显著影响养猪

户的环境风险感知。在外部因素上，粪污处理设施建立成本、政府对猪场的抽查次数以及对猪场污染的处罚力度显著影响养猪户的环境风险感知。

研究内容三：养猪户环境风险感知对其环境行为影响的研究

本章在对我国养猪户的环境行为进行分类和描述性统计分析的基础上，运用相关分析、多元有序回归分析等方法对养猪户环境风险感知对其环境行为的影响进行实证研究。结果显示，养猪户的环境风险事实感知对其环境行为采纳的正向影响最为显著，其中养猪户对养猪业给农村环境带来的破坏及对猪场污染引起周围民众抱怨，以及冲突的感知对养猪户环境行为的采纳均存在显著的正向影响；养猪户对养猪所造成的水体和大气风险感知对其环境行为的采纳也通过了正向的显著影响；而养猪户的环境风险原因感知对其环境行为采纳的影响并不太显著，只有养猪户对粪污进行有效处理和利用感知对养猪户的环境行为采纳通过了1%的正向显著性检验。

研究内容四：环境规制政策对养猪户环境风险感知—环境行为关系的影响研究

本章在对国内外环境规制政策进行梳理的基础上，基于调研数据，对环境规制政策对养猪户环境风险感知—环境行为关系的调节作用进行检验。结果显示，养猪业约束型规制和激励型规制对环境风险感知—环境行为关系均存在一定的调节作用，其中约束型规制政策对养猪户环境风险事实中猪场污染加剧疫病传播、猪场猪场引发与周围民众冲突感知，养猪户环境风险损失中水体、土壤污染感知，养猪户环境风险原因与猪场未能合理选址、粪污未能进行合理有效使用—环境行为之间的关系均存在显著的调节作用；而激励型规制政策则对养猪户环境风险事实感知中猪场污染加剧疫病传播感知，养猪户环境风险损失感知中水体、土壤污染感知，养猪户环境风险原因感知中猪场未能进行标准化建设、粪污未能进行合理有效使用、病死猪未能进行无害化处理—环境行为之间的关系存在显著的正向调节作用。

研究内容五：主要结论与对策建议

在借鉴国外养猪业环境规制政策防范环境风险的基础上，并结合我国的实际情况，对促进养猪户环境行为的采纳提出相应的对策建议。具体包括：①重视养猪户环境风险感知的提高和环境意识的培养；②建立严格的猪场环境准入机制，从源头上对养猪业污染进行防控；③根据猪场规模及地方实际情况制定切实可行的猪场排放标准，加大对养猪户生猪养殖全过程环境行为实施状况的抽查力度和监控；④完善农村土地流转制度和粪肥交易制度，鼓励畜禽粪便资源化利用；⑤加大对养猪业污染防治的财政支持和投入，加大对养猪户环境行为生态补偿的力度；⑥鼓励适度规模养殖，根据各地环境承载力程度进行生猪养殖规划；⑦加强对猪场周围民众环境意识的教育，发挥周围民众对猪场环境的监督作用。

目　　录

第 1 章

导　论

1.1　研究背景

（1）我国养猪业在不断规模化和集约化的过程中，已经成为农村污染的主要来源，养猪业亟待突破资源环境的约束，实现与经济社会的协调发展。

近年来，我国养猪业呈现出迅猛发展的势头，对满足城乡居民肉类食品安全供应，增加农民收入，推动农村经济的发展起到了举足轻重的作用。2013 年《中国养猪业发展年度报告》的数据显示：2013 年末，我国生猪存栏 47 411 万头、出栏 71 557 万头、猪肉产量 5 493 万吨，早已成为世界养猪生产和猪肉消费的第一大国。受到近年来养殖成本提升、养殖风险承受能力下降和外出务工收入向好等因素的影响，散养户养殖积极性下降，生猪养殖呈现出规模化趋势。2010 年我国生猪规模养殖（大于等于 50 头）出栏量由 2002 年的 27. 2% 上升到 64. 5%（中国畜牧业年鉴编辑委员会，2011）。

农业部发布的《全国农业和农村经济发展第十二个五年规划》提出，“十二五”期间，生猪出栏500头以上规模化养殖比重预期目标为总出栏数的50%，规模养殖生猪出栏率预期目标超过140%。这预示着我国生猪养殖的规模化程度还将进一步加强。

生猪的规模化养殖虽然有利于经济效益的提高和新技术模式的推广，但也会使生猪粪便排放密度增加，导致农牧脱节严重，对土壤、水体和大气等周围环境造成严重威胁（徐秀银，2010；孟祥海，2014；王哲剑，2015）。据环保部、农业部和国家统计局发布的数据显示，2010年，我国畜禽养殖业的COD和氨氮排放量分别达到了1 184万吨和65万吨，占全国排放总量的45%和25%，占农业源的95%和79%，其中养猪业占到一半左右，养猪业已经成为我国农村环境污染的主要来源。同时，生猪养殖所造成的环境污染还会引发人畜患病、食品健康等风险以及其他一些社会问题。猪场所散发出来的恶臭味以及对周围农作物的影响引发生猪养殖主与周围农户之间的民事纠纷，直接妨碍猪场的正常养殖经营活动。规模化生猪养殖引发的一系列环境问题已经成为妨碍其产业可持续发展的重要因素之一。

（2）养猪业环境污染防治不仅是我国现代农业、生态农业和环保工作的重要内容，也是我国生态文明建设的重要组成部分。

党的十八大对生态文明建设做出了部署，要求逐步建立与资源环境相适应的发展方式、产业结构和消费方式。而推动养猪业转变发展方式，改变过去养猪粪污及其他废弃物的处理方式，突破养猪业环境污染困局是生态文明建设的应有之义。在国家所颁布的一系列推动现代农业、生态农业建设的制度和政策中，养猪业污染防治是其中的重要内容。早在《国民经济和社会发展第十一个五年规划纲要》中，规模化畜禽养殖污染防治已经被纳入农村环境保护的工作框架中。2005 年 12 月，国务院在《关于落实科学发展观加强环境保护的决定》中指出，“要积极发展节水农业与生态农业，加大规模化养殖业污染治理力度”。2006 年 10 月，国家环保总局颁布《国家农村小康环保行动计划》，行动计划的重点是规模化畜禽养殖污染防治，并计划到2010 年实现建成500 个规范化畜禽研制污染防治示范工程建设的目标。同年，农业部启动实施了畜牧水产业增长方式转变行动和生态家园富民行动，推行健康养殖防治，加强生态环境保护和资源合理利用。自 2014 年 1 月 1 日起施行的《畜禽规模养殖污染防治条例》（国务院令第 643 号），该条例分总则、预防、综合利用与治理、激励措施、法律责任、附则 6 章 44 条，这是我国第一部国家层面上专门的农业环境保护类法律法规，旨在推动畜禽养殖业从加强科学规划布局、加强环保设施建设，实现以环境保护促进产业优化和升级。2015 年 1 月 1 日起实施的新《环境保护法》再次对畜禽养殖场、养殖小区及定点屠宰企业等的选址、建场和管理全过程环境监管提出了更严格的要求。

（3）当前，养猪户的环境意识与环境风险感知程度较低，政府的管制政策还存在诸多不完善之处，亟待通过提高养猪户的环境风险意识，同时完善政府的环境规制政策来激励养猪户环境行为的实施。

经济合作与发展组织（OECD，1989）对法国布列塔尼养猪密度较高地区的调查表明，仅有 1/3 的农民正确理解猪粪的肥效，因而导致大量的农民过度施用化肥导致土壤严重污染。在我国，养猪户对生猪养殖所造成环境风险的感知同样偏低。实际上，大多数的养殖户受传统观念的影响，简单地把养猪污染与直接的感官知觉联系起来，对生猪养殖过程所造成污染的理解过于简单化和直接化，对生猪粪便不恰当施用导致的土壤、水体污染基本不能理解。而养猪户作为养猪业环境安全保障的直接行为主体，其环境风险感知程度直接决定其环境行为的采纳。养猪户对过量施用粪肥以及对粪肥随意的外排所造成的严重环境风险较低的意识直接导致其养殖过程中较低的环境行为采纳度。同时，养猪业由传统的散养模式向规模化养殖转变的过程中，配套土地的缺乏直接导致养猪业的种养分离状况，粪肥从过去的“农家宝”变成棘手的废弃物，其处置费用成为养猪户需要额外承担的成本。养猪户作为理性经济人，收益最大化的意识驱使其在治污行为上易于出现“机会主义”。另外农村环境资源的公共产品特性、产权的不明确导致的养猪业环境外部性，进一步加剧环境问题的“市场失灵”现象，这就必然需要政府采取相应的监管措施。但我国现行的环境监管和规制政策仍存在诸多不完善之处，使得当前的养猪环境规制政策对养猪户的环境风险感知—环境行为的采纳关系能否起到促进作用，还有待在实践中进一步检验。

在此背景下，从养猪户的风险感知和政府的环境规制政策入手，提高养猪户的环境风险感知，针对当前我国政府对养猪业的环境管制，在借鉴国外环境规制经验的基础上，对我国环境规制政策提出相应的完善建议，促进养猪户采纳良好的环境行为，已成为当前养猪业可持续发展亟待解决的关键问题。

1.2 研究目标

本研究的总目标是在当前养猪业所造成严重环境风险的背景下，首先分析养猪户对生猪养殖所造成的环境风险感知现状并对影响其环境风险感知的因素进行深入研究，从而找出提高养猪户环境风险感知的对策和建议。其次，进一步探寻养猪户环境风险感知对其环境行为实施的影响，并结合当前我国政府管理部门针对养猪业的环境规制政策，验证其对养猪户的环境风险感知—环境行为的关系是否存在一定的促进作用，从政府环境规制的角度来探讨促进养猪户环境行为采纳的对策。因此，具体目标有以下几点：

（1）分析我国养猪业的发展现状及养猪业所造成的污染情况，指出我国养猪业转变发展方式及养猪户实施环境行为的必要性。

（2）以湖北省为例，从土壤和水体污染两个方面，测算湖北省养猪业的土壤环境承载压力指数、土壤氮磷超标状况以及水体承载指数，并分析其时空特征。

（3）运用对生猪养殖大省湖北省的调研数据，分析当前养猪户环境风险感知的现状。从养猪户的环境态度、环境治理的经济成本因素、外部情境因素以及养猪户的个体、经营特征构建其与养猪户环境风险感知之间的理论模型，找出养猪户环境风险感知的影响因素。

（4）分析养猪户的环境风险感知与养猪户环境行为采纳之间的关系，找出提高养猪户环境风险感知的对策建议。

（5）结合当前我国养猪业的环境规制政策，进一步验证其对养猪户的环境风险感知—环境行为的关系是否存在一定的促进作用，从政府环境规制的角度来探讨促进养猪户环境行为采纳的对策。

1.3 研究意义

1.3.1 理论意义

现有对养猪业环境风险的研究更多地集中于养猪业环境的治理行为方面，主要从技术层面研究风险防控的具体措施，或是从宏观经济层面分析养猪业环境污染与经济发展之间的关系及阶段特征。而从心理因素出发，对养猪户环境行为背后内在原因的研究甚少。环境风险感知作为养猪户对生猪养殖所造成环境影响的主观感受和认识，是预测养猪户环境行为的重要变量。本研究以养猪户为研究对象，研究养猪户的环境风险感知对环境行为的作用机理，同时引入政府规制因素这一重要的情境因素，研究了政府规制政策情境下养猪户环境风险感知与环境行为的关系。本研究的理论意义体现在以下方面：

（1）有利于丰富社会心理学中关于公众环境风险感知的研究。以往研究对于公众环境风险感知的测量主要采用的是双因素测量模型，即使用顺序尺度直接询问受访者对危害发生的可能性与后果的严重性的感受。本研究结合养猪业的特点和调查研究的结果，基于风险的三要素，从养猪户对生猪养殖所造成的环境风险事实、风险损失和风险原因感知三个维度，将风险的技术维度与社会维度结合起来测量养猪户的环境风险感知，进一步丰富了环境风险感知的研究。

（2）有利于丰富态度—情境—行为理论的研究。态度—情境—行为理论由瓜那诺（Guagnano）等学者在1995年提出，但态度—情境—行为理论对态度的形成过程以及态度对行为的影响机制没有更深入的分析。之后的研究者在此理论基础上将态度细化为感知和情感两个维度，但近年的研究更多地关注了情感与行为之间的关系，而对感知和行为之间的关系则较少，特别是在情境因素对态度—行为关系的实证研究上则更为缺乏。本研究以养猪业为背景，研究养猪户环境风险感知的影响因素、环境风险感知和行为之间的关系，并在此基础上进一步验证政策情境的调节作用，可进一步丰富态度—情境—行为理论的研究。

（3）有利于丰富当前对养猪户环境行为的研究。当前对养猪户环境行为的研究仅限于以养猪过程中某一项具体的环境行为或治污处理技术为研究对象，研究范围较窄。本研究将从生猪养殖的全过程出发结合养猪业的产业特点，对养猪户的环境行为进行全面的研究，这也是对当前养猪户环境行为研究的进一步补充和丰富。

（4）独立设计养猪户环境风险感知、环境行为及环境规制政策的问卷，可以为今后养猪户环境行为研究提供较为实用的测量工具。

1.3.2　现实意义

养猪户作为养猪业环境风险预防和治理的主体，其环境行为的实施直接关系到当前养猪业的可持续发展和农村环境的治理。为此，如何促进养猪户的环境行为成为当前养猪业突破资源环境约束的瓶颈实现可持续发展的重要问题。养猪户环境风险感知作为预测环境行为的重要变量，而养猪业环境规制政策则是当前我国养猪户环境行为实施中的最重要情境因素，在上述现实背景下，本研究的现实意义表现在：

（1）从养猪户环境行为实施的深层心理因素入手，通过对养猪户环境风险感知状况的了解以及其影响因素的研究，为提高养猪户的生态意识和环境风险感知提供了政策指导。

（2）通过对养猪户环境行为的调查研究，了解当前养猪户环境行为采纳的真实状况，为更好地促进养猪户环境行为采纳提供政策建议。

（3）通过对政府环境规制政策对养猪户风险感知—环境行为关系调节效应的检验，分析和比较不同环境规制政策对养猪户环境行为促进效果的差异，为养猪业环境规制政策的进一步完善提出针对性的对策建议，对我国养猪业的可持续发展具有直接的实践指导意义。

1.4 国内外研究动态与述评

1.4.1 环境风险感知国内外文献综述

1. 环境风险感知的研究范式

学者们对环境风险感知的研究始于20世纪60年代公众对环境

风险尤其是核风险的强烈争论。随着心理学、社会学等学科知识和研究范式的进一步引入，环境风险感知在国内外得到了长足的发展。在环境风险感知领域最具影响力的研究工具主要包括以下几类：

（1）心理测量范式。

心理测量范式作为当前最为主流的环境风险感知研究范式，主要是基于“不同环境风险特征决定了公众对环境风险的不同反应”这一理论框架，由保罗·斯洛威克（Paul Slovic）等人在1978年首次提出。心理测量范式主要基于3点假设：①人们依据所研究的灾难、所提的问题、被访人和数据分析方法等对环境风险问题提供有意义的答案；②风险本身不同的特征结构决定了公众风险感知的差异性；③公众对风险的感知不仅受到风险的特征影响，还会受心理、制度和文化等多种因素影响，在调查公众设计合理的情况下，这些因素及它们之间的内在关系可以被量化和测量（Slovic，2005）。运用心理测量范式进行环境风险感知研究的学者一般遵循的步骤包括：①选择一系列包括直接风险源、间接风险源和风险后果的环境风险条目来覆盖范围很广的潜在危害；②选择一系列环境风险特征条目来反映可能影响公众环境风险感知的环境风险特征；③请被调查者在不同的环境风险特征维度上评价各个风险条目；④用多变量分析方法来识别和解释系列因子占个体方差和群体方差的比例（McDaniels，1995）。

心理测量范式的心理基础为：揭示优先法和表述优先法。揭示优先法的提出者是斯达尔（Starr），其研究假设为“多安全才足够安全”。揭示优先法致力于发展一种权衡科技利弊的方法，通过尝试错误，让公众对任一与风险相关的事件能够在利与弊的平衡中达到一个“基本的理想状况”（Starr，1969），即利用历史和当前的有关风险利弊的数据，运用利益均衡模式去获得一个“可接受”的风险。费斯楚夫等（Fischoff et al.，1978）发展了另一种类型的分析方法——表述优先法，通过采取传统问卷的形式，直接通过询问而获得大量公众当前状态下对风险和收益的感知以及对不同风险、收益权衡的明示偏好。

（2）社会文化范式。

社会文化范式主要是从社会学角度对风险感知差异进行研究，研究不同社会或社会内不同群体的风险认知状况，探讨社会规范、价值体系和文化特质等对风险感知的影响（Renn & Rohrmann，2000）。

道格拉斯和维达斯基（Douglas & Wildavsky，1982）作为风险感知社会文化研究范式的代表人物，提出风险是基于个人主观心理认知的结果，人们对周围事物的感知和判断在很大程度上取决于人们的价值标准、文化信仰以及其所处的社会地位和社会关系。同时，他们还指出在社会生活中，每个人都可以归于一定的群体中，而不同的群体所面临的问题是不一样的。他们按照群体性和控制性两个维度，把人分为四类，分别为平等主义、个人主义、等级和宿命。不同类别的人会对不同的灾害表现出不同程度的关注。平等主义者特别关注技术和环境灾害，个人主义者关注战争和其他威胁市场的灾害，等级主义者关注法律和秩序，而宿命论对上述的都不关注。

社会文化范式的研究者采用两种研究方式：一种是在跨国研究

中针对不同国家或不同类型国家进行相同议题项目的调查和研究，（段红霞，2009），另一种则是针对国内“跨群体”同一议题项目的比较研究，分析的是不同价值背景下社会群体之间的差异（Sloberg，2006）。

风险的跨文化研究有助于解释不同民族和文化之间的差异，帮助决策者找到处理不同社会和文化背景下进行风险控制的制度性手段。

（3）认知范式。

风险的认知范式则致力于解释认知方法的不同导致人们在风险认知过程中出现偏差的现象。卡内曼和特维斯基（Kahneman，D. & Tversky，A.，1979）研究发现，当人们处于大量不确定状态或风险情况时，由于个体的有限理性，导致其认知与决策会习惯性的受到“启发式”策略的影响从而导致其出现认知偏差现象。其中最为常见的三种认知偏差为：代表性启发式、易得性启发式和锚定启发式。之后的研究者又在此基础上逐渐将认知偏差的种类扩展到了二十几种。

研究者们发现导致风险偏差主要包括内外两方面的因素，内在因素主要包括个体的人格特征、知识经验、成就动机、对风险的“损失”或“受益”的预期；而外部因素则包括风险的性质、风险的大小、风险的可控制程度以及风险的易了解性等。

（4）风险社会放大研究范式。

卡斯帕森（Kasperson，1988）等人提出了一种新的研究社会风险的路径即风险的社会放大理论。风险放大理论的基本观点是：风险事件总是会与各种心理的、社会的、制度的及文化等因素产生互动，从而弱化或强化人们对风险的感知，并塑造人们的风险行为。研究者将风险放大的过程描述为：风险通过信息系统和风险信号加大站（个体放大站和社会放大站）而被放大，产生行为反应，行为反应转而导致超出人们受原始危害事件的直接影响范围的次级影响。接下来，次级影响被社会群体和个体感知，产生第三级影响。这些影响可能再次搏击到其他方面或其他的风险竞技场，形成“涟漪效应”（Renn et al.，1992）。风险放大理论的研究框架实质上是对风险的多学科研究法方法的一种整合，尤其注重关注某一危险的特征与社会、文化以及加强或减弱风险认知的心理过程之间如何相互作用（李红锋，2008），从而找出其原因及控制对策。

2. 环境风险感知的研究内容

（1）环境风险感知的构成维度及测量。

大部分学者认为风险感知是一个多维概念，在构成维度的研究上，国内外学者表现出以下几种倾向：①从风险的内容上进行维度划分，伍德赛德（Woodside，1968）认为感知风险可以分为社会风险、功能风险与经济风险 3 个维度。罗斯柳斯（Roselius，1971）将其分为时间损失、危险损失、自我损失和金钱损失 4 个维度。雅各比和卡普兰（Jacoby & Kaplan，1972）则提出财务、功能、身体、心理、社会 5 种风险因素。彼得和塔尔佩（Peter & Tarpey，1975）在雅各比和卡普兰（Jacoby & Kaplan）所提出的 5 种风险因素的基础上，加入了时间风险，采用 6 个维度来研究感知风险，6 维度的划分方法也得到了其他一些研究者的认同（Bettman，1998；Campbell，2001）。②从风险的特征上进行维度的划分，斯洛威克（1987）等人通过因子分析得出了风险认知的两个基本维度：一是忧虑风险维度，该维度与风险后果的严重性以及风险的不可控程度相关；二是未知风险维度，该维度则与风险可知性程度的特征相关。刘金平等人（2006）的研究指出，城市居民的风险认知结构由5个因子构成，分别是：风险的可控性、风险的可见性、风险的可怕性、风险的可能性以及风险的严重性。徐联仓等人（2007）则认为风险认知的特征包括可控性、熟悉性、令人忧虑的程度、发生的及时性、持续的时间性、群体性等，而这些特征也构成了风险的维度。

在环境风险感知的研究中，早期的研究者关注的领域主要集中于一些具体和特定的环境风险问题，如水环境风险、气候变化风险、自然灾害风险等，在环境风险感知的维度构成上，学者们也只是就具体某些领域的环境风险感知进行探索性研究，并没有形成系统的成果。但基本上沿袭了风险感知研究的维度划分方法：①从风险的特征上进行公众环境风险感知维度的划分，费斯楚夫等（Fischhoff et al.，1978）通过研究人们对X光射线和核电站的风险认知，提出了结果严重性、恐惧性、可控性、自愿性、个体已知性、风险的新旧、科学已知性、影响速度快慢8个特征，作为风险认知结构维度。杨洁、孟庆艳、孙磊等（2010）在研究公众对太湖蓝藻的生态风险感知时，通过公众的熟悉度、发生灾害的可能性、灾害可被控程度、后果危害程度、后果可被控程度和风险总评6个因子等维度进行对其风险感知状况进行了分析。②从风险的内容上进行维度的划分，彭黎明（2011）在对广州市市民的气候变化风险认知研究中，从公众对气候变化的风险感知内容出发，将其划分为：气候风险事件认知、风险源认知、风险后果认知及风险责任认知4个维度。

关于风险感知如何测量，最早的方法由库宁哈姆（Cunningham）于1965年提出。该方法提出通过双因素模型即以风险发生的可能性与结果损失大小的乘积来衡量其风险感知的程度，主要是通过顺序尺度以直接询问的方式来获取公众关于风险、可能性和损失大小的感受（Mitchell，1999）。之后的研究者彼得和塔尔佩（Peter & Tarpey，1975），道林和斯蒂林（Dowling & Stealin，1994）在此基础上也相继提出风险感知测量的模式。综合之前的研究，学者们对于风险感知的测量方式大致可以分为两类：①直接询问公众对风险的感知；②使用感知风险的维度，将公众在各维度项目上损失可能性与其严重性进行相加或相乘的方式得出其感知程度。

（2）环境风险感知影响因素研究。

关于风险感知影响因素的研究，当前学者主要的关注点集中在人口统计变量、风险特征性质、成本—收益因素、个体期望水平成就动机、风险沟通等方面。

在人口统计变量对风险感知影响的研究方面，斯潘塞（Spence，1970）的研究表明，感知风险与学历和收入有关，学历越高，感知风险越小；收入越多，感知风险越小。菲利浦斯（Phillips，1977）的研究则表明，年龄是影响消费者感知风险的因素之一。

风险特征和情绪因子也被认为是风险感知的重要影响因素，其中风险特征主要指的是风险的巨大程度和公众对风险的熟悉程度（Slovic & Fischhoff，1980），风险的巨大程度主要体现在死亡的频率、主观的致命估计、灾难的潜在性、死亡的重大性和质化特征5个方面，而在公众情绪因子的影响作用方面，学者们主要关注的是恐惧心理以及公众自愿性对其风险感知的影响，同时，公众对风险的恐惧心理也受到风险巨大程度的影响。奥特维和温特菲尔德（Otway & Winterfeldt，1982）通过研究在验证风险特征的影响作用的基础上，进一步指出公众的恐慌性及风险管理的困难性对风险感知也存在一定的影响作用。

在成本—收益因素对风险感知的影响上，伍德和舒尔（Wood & Scheer，1996）研究发现获得某产品所必需付出的有形货币成本和可能的、无形的花费会直接影响消费者对该产品的风险感知。达克和威尔达斯基（Dake & Wildavsky，1991）则指出人们的风险感知与其感受到某项活动为其带来的效益直接相关。高海霞（2009）研究发现，消费者在作购买决策时，总是在得与失之间进行权衡，感知利得与感知风险会同时存在，从而进一步证实了公众的感知利得会影响感知风险。

认知偏差、风险情景也是公众风险感知的重要影响因素。巴伦（Baron，1998）、西蒙（Simmon，2000）从创业风险感知的角度指出，创业者的认知偏差会对其风险感知存在有力的影响。谢晓非和徐联仓（2002）采用心理测量范式对情景风险认知进行直接的测量，证明了公众对于不同情景下的风险认知存在一定的差异。孙跃（2009）指出，个体对风险的感知能力始终都是与具体的风险情景背景相适应的，风险情景、人格特征、认知偏差等会影响到个体对风险的感知能力。

而在环境风险感知的影响因素上，个体特征、风险特征、经济收益因素的影响已经受到了较多研究者的关注。

在个体特征对环境风险感知的影响上，赖和陶（Lai & Tao，

2003）在研究香港公众对25种环境健康风险条目的定量评价中，发现女性、年长的、受教育程度低的公众感知到的环境风险要比男性、年少的、受教育程度高的公众感知到的威胁更大。查文等（Chauvin et al.，2007）就性格特征和风险认知的关系进行了研究，他用大五人格类型分析个体的性格差异，调查了公众对八种类型的社会环境危害风险感知的结果，研究发现大五人格类型维度中的亲和性水平与污染物风险感知水平成正相关关系，而情绪稳定性水平与污染物风险感知程度成负相关关系。卡汉（Kahan，2011）等学者在气候变化的环境风险感知的研究中发现具有不同科学知识和计算能力的人对气候变化问题的态度有所不同，科学知识和计算能力低的个体将气候变化视为一种威胁，相比之下，计算能力和科学知识水平高的个体认为气候变化所带来的威胁不那么大。巴内特和布里克维尔（Barnett & Breakwell，2001）则就风险认知的个体差异与其风险经历之间的关系进行了研究，调查结果显示有无风险经历是个体在风险评估中存在差异的重要影响因素。其中有无风险经历主要通过经历的结果、影响程度和次数三个方面来进行衡量。

在风险特征对环境风险感知影响的研究上，李华强（2010）发现，地震风险发生的严重后果以及不可控制性显著影响公众的风险感知。杨洁等（2015）则认为蓝藻风险发生的可能性和后果可控程度显著影响公众的环境风险感知。

在经济因素的影响上，史兴民（2014）以陕西彬县矿区为研究区域，利用Logistic模型，指出经济利益和就业因素会显著煤矿区居民对环境风险的感知。

随着学者们对环境风险研究的进一步深入，价值观和文化归属、信任、主观规范等社会与文化的因素对环境风险感知的影响也受到越来越多的关注。弗林等（Flynn et al.，1994）研究发现，性别和种族因素对公众环境风险感知的影响非常显著。斯洛维克（Slovic，2005）在对美国、匈牙利、挪威、中国香港、日本、苏联等多个国家和地区在校大学生的风险感知进行对比研究后发现，在不同国家和地区，公众对不同条目的风险关注排名存在很大的不同。段红霞（2009）通过对比中国和美国民众对环境变化带来的各类风险，发现社会价值观对公众环境变化风险的认知有显著影响。

在信任因素对环境风险感知的影响上，林天生、李杨洁、李晓莉（2013）研究发现，公众对政府控制风险政策的信任度显著影响其对温室气体风险感知的程度。当公众没有足够能力判断某个环境风险事件时，他们转而通过评估风险管理者来间接评估环境风险事件，此时其对于风险管理者的信任程度直接决定了他们的环境风险感知程度。

（3）养猪户环境风险感知研究。

在养猪户环境风险感知的研究上，当前的研究还略显缺乏，尚未形成较为一定的结论，研究成果主要集中在以下方面：①养猪户环境风险感知的维度划分和测量研究，邬兰娅（2014）在对333户养猪户的入户问卷调查数据基础上，从行业风险、水源风险、产品风险以及环境风险四个维度来进行养猪户环境风险感知的探索。唐素云（2014）则从环境风险感知的内容角度出发，将养猪户的环境风险感知划分为环境污染感知、环境政策感知、环境治理感知三个维度。张郁（2015a）根据湖北省养猪户的调研数据，将养猪户环境风险感知划分为对养猪业所造成的土壤污染、水体污染、大气污染、人畜患病风险和猪肉食品安全污染发生的可能性和严重性的感知这两个维度。②养猪户环境风险感知影响因素的研究，当前的研究成果还相对较少，仅有唐素云（2014）从养猪户的生计资产角度探讨过家庭资产状况对养猪户环境风险感知的影响。张郁（2015b）基于TPB理论，研究了养猪户的行为态度、知觉行为控制以及过去行为等心理因素对养猪户环境风险感知的正向影响作用。

1.4.2 环境行为国内外文献综述

1. 个体环境行为国内外研究

在环境行为的研究上，当前学者主要集中在对个体环境行为影响因素的研究上，其中个体态度、个性特征、个体认知等心理因素和情境因素的影响作用受到了广泛的研究。

在态度类变量对环境行为的影响作用研究上，虽然学者们对态度变量的构成和具体涵义还没有统一的认识，但总体来讲含主要分为三类：环境态度、环境价值观和环境敏感度。

之前的学者普遍将环境态度视为预测环境行为最重要的心理变量，认为积极的环境态度对环境行为具有显著的促进作用。杜拉普（Dunlap，2002）将环境态度细分为一般环境态度和特定环境态度两种，其中“一般环境态度”是指注重生态系统平衡的普遍信念，强调在加快经济发展的同时不能以牺牲生态环境为代价。而“特定环境态度”则是对某种特定具体环境行为的态度。特定环境态度预测特定环境行为比一般环境态度具有更显著的影响（Sia A. P.，Hungerford H. R.，Tomera A. N.，1986）。之后坦纳和卡斯特

(Tanner & Kast, 1999) 在对瑞士 Bern 市居民所做的绿色消费行为调查研究，也验证了这一观点。杨智、邢雪娜（2009）通过对可持续消费行为的质化研究也证实了环境态度是通过影响环境行为意向从而影响环境行为的最重要因素。

环境价值观则是指个人对环境及相关问题持有的价值观。斯登和迪特兹（Stern & Dietz, 1993）指出价值观是影响环境行为的重要前因，同时还将价值观归纳为三个层次：生态价值观、利他价值观和利己价值观。其中，生态价值观认为自然环境具有内在价值和权利；利他价值观是基于人类整体利益的角度关注和保护环境；利己价值观是基于个体自身的利益关注环境问题。巴尔（Barr, 2003）在对英国 Exeter 市大规模问卷研究中发现，环境价值观显著影响回收、再利用和减量化三种家庭废物管理行为。香港学者陈（Chan, 2001）则通过对北京、广州两地市民所做的绿色采购研究发现，中国传统的文化价值观与生态的价值观是一致的，其对居民的绿色采购行为影响显著。

环境敏感度指的是公众对环境的发现、欣赏和同情，是导致个体承认环境具有内在价值的情感特质。亨格福德（Hungerford, 1980）、希亚（Sia, 1985）、西维克（Sivek, 1990）等学者通过样本数据研究发现，环境敏感度对环境行为的解释程度很高。之后许世璋（2003）、郑时宜（2004）的研究也验证了环境敏感度在环境行为的采纳中的前因或基础性作用。

在个性特征对环境行为的影响研究中，“控制观”和“环境道德感”在以往的研究中，受到了较多关注。所谓“控制观”是指一个人对他所采取的行为是否会改变现状的自我认知，而“环境道德感”则是指个人对采取某种环境行为是对或错、道德或不道德的感知（Hines，1986）。斯登（Stern，1999）通过研究发现，持有内控观的人相信自己可以影响环境，而持有外控观的人则认为自己没有能力改变环境。相对于外控观的人，持有内控观的人更倾向于采取环境行为；而具有较高环境道德责任感的个体通常会实施环境行为。

以往的学者们还发现，个体对环境问题的认知也是其环境行为实施的重要影响因素。马奇高·斯基（Marcinkow Ski，1988）把公众的环境问题认知分为三大类：自然环境知识、环境问题知识以及环境行动知识。弗里克和凯瑟尔（Frick & Kaiser，2004）则进一步细化环境行动知识的内容，认为其不仅包括对实施环境行为的了解，还包括具备实施环境行动应当具备的知识与技能。在此基础上，弗里克（2004）还指出环境行动知识与环境行为的相关性更高，自然环境知识和环境问题知识都是通过环境行动知识对环境行为产生作用的。普里斯和阿诺德（Press & Arnould，2009）在对可持续能源消费的研究中发现，消费者的知识是约束可持续能源消费的主要因素之一。

此外，一些社会人口统计变量（包括年龄、性别、受教育程度、收入和家庭类型等）对环境行为的影响也得到之前研究者的证实。李文娟（2006）基于武夷山市居民的环境保护行为的调查发现，居民的性别、受教育程度均会对其参与环境保护行为产生一定的影响。龚文娟（2008）基于2003年中国综合社会调查数据，分析得出结论：我国城市居民中女性的环境友好行为多于男性，且女性更倾向于实施与日常生活相关的环境友好行为。

2. 养猪户环境行为国内外研究

在养猪户的环境行为研究上，当前学者们还较少，主要集中于对某一种特定具体的环境行为或是粪污处理技术及模式的接纳程度及影响因素的研究等方面上，彭新宇（2007）在阐述我国养殖专业化防治畜禽污染的技术模式基础上，研究了养猪户沼气技术采纳行为的影响因素，发现户主对畜禽废弃物的认识、参加养殖协会、获取政府补贴及补贴量、饲养规模正向影响养殖户沼气技术采纳行为。舒朗山（2010）以湖北省武穴市为研究区域，研究了生猪养殖专业户的养殖废弃物处理，发现家庭从事农业的劳动力数量、猪舍与居民区的距离、饲养规模、沼气池容积、户主性别、农户是否兼业养鱼是影响其养殖废弃物处理方式选择的重要因素。张晖等（2011）利用“长三角”207户生猪养殖户的实地调研数据，分析了政府补贴、养殖规模以及农户的污染认知度对生猪养殖户参与畜禽粪便无害化处理意愿的影响。张郁（2015）以湖北省生猪养殖户为例，研究了家庭资源禀赋对养猪户粪污处理设施建立及粪污无害化处理行为采纳的影响，发现养猪户环境行为的采纳是综合家庭资源禀赋所作出的理性选择。

1.4.3　环境规制国内外文献综述

1. 环境规制国内外研究综述

国内外学者对环境规制的研究，主要体现在以下几个方面：①对环境规制的工具和手段进行比较分析（Atkinson & Lewis, 1974; Malueg, 1989）；②研究环境规制的影响（Posner, 1974;

Loeb & Magat，1979；景维民、张璐，2014）；③环境规制的绩效评价（刘研华、王宏志，2009）。

在环境规制工具的研究上，国外学者倾向于将环境规制工具分为“命令—控制型”规制工具和市场化环境规制工具两种（Weitxman，1974），在此基础上比较两种环境规制工具的有效性，研究如何利用政府规制弥补市场失灵，提高资源配置效率和促进社会福利最大化，从而保证规制成本最小或是规制收益最大。在保证规制成本上，阿特金森和刘易斯（Atkinson & Lewis，1974）通过研究得出结论，在相同的环境规制目标下，命令控制型环境规制工具的成本远远高于市场化规制工具，且在环境规制的过程中存在严重的信息不对称现象，而市场化规制工具则比命令控制型工具更有信息优势。而在提高规制效益方面，马鲁格（Malueg，1989）、鲍莫尔和奥特斯（Baumol & Oates，2004）在对清洁生产技术提高激励的研究后发现，基于市场的环境规制可以更好地激励企业从而使企业能够从最新的技术中得到收益。同时，学者们还发现在环境规制的过程中应根据具体情况来选择最佳的规制工具（Stavins，2007），在规制的过程中不仅要重视约束同时也应引入激励机制这样才会更有助于规制目标的实现（Posner，1974；Loeb & Magat，1979）。国内学者则更看重对两种工具的介绍，而对工具效果的比较分析上相对还较少。

在环境规制绩效的研究成果上，主要包括：①环境规制对技术创新的影响。国外学者可以分为两个学派：一个是20世纪70～90年代初期的传统经济学学派，其主要观点为严格的环境规制政策会导致企业成本上升，妨碍产出增长，从而削弱企业的竞争能力，研究者就这一观点展开了大量的实证研究（Dension，1981；Gollop & Robert，1983；Gray，1987）。另一个是90年代之后以波特（Porter，1991）为代表人物的修正学派，该学派认为环境规制能够提升国家竞争力，合理设置的环境规制能够通过刺激企业的技术创新，产生包括产品和生产过程在内的创新补偿效应，弥补甚至超过环境规制成本。②环境规制对产业绩效的影响。在当前的研究中，大多数学者认为环境规制会导致产业绩效的下降（Christiansen，Haveman，1981）；少数学者则认为合理的环境规制政策能使产业“创新补偿”效果超过环境规制成本，达到经济效益和环境效益双提高的状态，从而取得“先动优势”，使产业国际竞争力得到提升（Porter，1991；李谷成等，2011）；还有的学者发现，则认为环境规制对产业绩效的影响还受到环境规制强度和环境规制政策工具等的影响，产业绩效在不同的强度和不同工具手段规制政策影响下存在很大的差异（Jenkins，1998；Square R.，2005；沈能、刘凤朝，2012）。③环境规制对FDI区位选择、产业结构的影响等方面。与环境规制对产业绩效影响一样，学者们的结论存在一定的分歧，部分学者觉得环境规制会抑制FDI的地区流入量（Xing & Kolstad，2002；刘健民、陈果，2008），而另一部分学者则得出相反的结论。

在环境规制的绩效评价研究上，当前的研究成果主要包括：①对规制效果的评价上，当前的研究在内容上还停留在规制效果指标体系的构建上，研究视角则主要集中在微观层面，即主要是对某个省市环境规制绩效进行评估（薛伟贤、刘静，2010）；②环境规制的效率评价，已有的研究主要是基于宏观和中观层面，对某些省市之间的规制效率进行研究（刘研华、王宏志，2009）。

2. 养猪业环境规制研究综述

在养猪业环境规制的研究上，学者们的研究成果还相对较少，主要集中于：①对当前养猪业环境规制政策进行梳理和总结，孟祥海等（2015）在对发达国家和地区治理畜牧业环境污染的经验进行归纳总结的基础上，对我国畜牧业环境污染治理提出了一定的政策建议。②养猪业经济激励型环境规制政策的研究。王克俭、谭莹（2014）提出通过构建养猪业环境控制的生态补偿机制防治广东省养猪业污染。张郁（2015）研究发现，生态补偿政策对于养猪户的家庭资源禀赋—环境行为的关系有正向影响作用。③养猪业环境规制的影响研究。虞祎（2012）采用 HOV 模式和引力模型，验证了环境规制对中国生猪生产布局的影响。

1.4.4 环境风险感知、政府规制与环境行为关系文献综述

当前学者对于风险感知与其应对行为二者之间的关系研究，主要集中在以下两个方面：①关于风险感知与行为应对之间关系的研究，当前大多数学者认为个体的风险感知对其行为具有显著的影响。巴鲁奇和费斯楚夫（Baruch & Fischhoff，1981）对公众不同类型风险其认识与其行为选择进行了开创性研究；考维罗（Covello，2001）等研究发现个体对风险事件的知觉能够极大地影响自身的情绪状态，从而影响其态度与行为。皮德格昂等（Pidgeon et al.，2010）认为，风险感知直接塑造风险行为，个体的风险态度和决策行为直接建立在其对风险的感知上，谢治菊（2013）在对西部地区

农民的风险感知与行为选择的研究中发现，风险感知能显著影响农民的政治行为和社会行为；②公众感知风险后的行为模式及决策机制研究，考克斯（Cox，1967）、泰勒（Taylor，1974）指出由于风险具有不确定性和后果严重性两方面的特点，因此在应对模式也存在降低不确定性和降低后果严重性这两种潜在的行动模式来应对风险。胡卫中（2008）研究了城市消费者的猪肉安全风险感知下所采纳的风险规避决策行为。而在环境风险感知与环境行为之间关系的研究上，当前的研究更多集中于公众对某一类具体的环境风险或是特定的突发事件背景下风险的感知与其行为应对之间的关系。李华强等（2009）将公众的风险感知置于突发性灾难的情境下，结果显示，在地震等突发性灾难发生时公众的风险感知对其积极应对行为具有显著的正向影响。巩前文等（2010）以江汉平原农户调研的数据为基础，研究了农户对过量施肥的风险认知与其风险规避行为之间的关系，结果发现，农户减量施肥是综合多种因素的考虑。

而在对于政府环境规制、环境风险感知与环境行为三者之间的关系的研究上，以往的研究成果还相对较少，成果集中在政府规制、心理因素与农户行为的研究上，主要体现出以下几种倾向：①将心理因素看作内部影响因素，政府环境规制看成是外部因素，二者共同对农户的决策目标及行为的开展产生影响。刘万利（2006）以四川地区为实证研究样本，通过问卷调查的方式，对养猪户的生猪质量安全控制行为进行研究，结果表明政府的环境规制与生猪的饲养成本、出售价格等因素共同对养殖户行为产生显著的影响效果；周峰（2008）以江苏省无公害蔬菜生产为例，研究了政府进行无公害农产品认证的规制方式与农户生产行为之间的关系，结果表明只有当政府的社会福利最大化目标与农户的效用最大化目标相一致，实现了二者之间的激励相容时，才能使得农户作出符合政府目标的行为选择。张晖（2010）基于“长三角”地区生猪养殖户的调查数据，运用有序 logit 模型分析农户畜禽粪便处理行为选择的结果表明，农户的养殖规模、年限、养殖场所在区域及政府补贴对其粪便处理行为妥善采纳的概率有显著的影响。②在研究心理因素及政策规制对农户行为独立影响的基础上，进一步考虑将心理因素作为调节变量，研究在心理因素交互作用下，政府规制对农户行为的影响。赵建欣（2008）基于河北、山东和浙江菜农的调查研究，发现养殖户的预期收益、政府规制与农户安全蔬菜供给行为显著正相关，但宏观层面的法律法规对农户生产决策的影响不明显，而操作层面的具体制度安排如市场准入制度和市场检验检测机制则对农户生产有着显著的影响，在此基础上作者进一步验证了心理因素即养殖户的行为意向对政府规制—农户安全蔬菜供给行为之间的调节作用。王海涛（2012）基于四川、山东和江苏 3 个省区 798 个养猪户的样本数据和资料，研究发现不同规制对养猪户的安全生产决策行为存在一定的影响，同时养猪户的心理决策变量是其安全生产决策的重要影响因素，并在此基础上进一步验证了养猪户安全生产意向对政府规制—养猪户安全生产决策行为存在一定的调节作用。③将政府环境规制因素视为外部情境因素，认为其对于公众行为并不发生直接影响，而是对心理因素—公众环境行为之间的关系产生调节作用。斯登（Stern，2000）、波尔亭加（Poortinga，2004）发现，情境变量在促使或者阻碍环境行为实施的过程中起到显著作用，当行为的实施有一定难度或较难实施时，其对心理变量的依赖就会减弱，其中情境变量主要涉及人际影响、社会规范、政令法规等。这一研究结果也得到了之后研究者的进一步证实。斯达特斯等（Staats et al.，2004）发现，社会压力等因素对个体的意识—亲环境行为关系存在着一定的调节作用。王建明（2012）通过对重庆、武汉、杭州三市的大样本现场调查研究发现，情境变量对低碳消费意识—低碳消费行为关系存在着一定的调节作用。

1.4.5 文献述评

综上所述，在环境风险感知的研究上，心理测量范式成了当前最为主流的研究范式，大多数研究者均是通过问卷直接询问来测量公众对风险和收益的感知以及其对不同风险、收益权衡后的接受程度，使用心理—生理量表和多元分析技术来描述人们的风险态度和感知的“认知图谱”。在研究领域上，学者们对环境风险感知的研究主要集中在气候变化、自然灾害、水环境风险等某一特定的具体领域，而对于农业的环境风险感知研究较少，特别是对于养猪业这一当前农村的重要环境风险源，以养猪户为研究对象研究其环境风险感知的研究还甚少；在环境风险感知的维度划分方面，根据风险的特征或是风险的内容进行维度的划分成为当前最重要的方式；在环境风险感知的测量上，主要采用的测量方式是使用顺序尺度根据风险感知的维度进行直接询问或使用双因素模型对各维度风险发生的可能性与风险的大小进行相加等两种方式。在环境风险感知影响因素的研究上，以往研究更多关注的是公众个体因素等人口学统计特征、风险的客观风险特征对公众环境风险感知的影响，而环境风险感知作为一项复杂的心理活动，应当将主客观因素结合起来，考虑其综合影响。

在环境行为的相关研究方面，以往的成果较多地集中在对城市居民的环境行为研究上，对于农户尤其是养猪户环境行为的研究还相对较少，学者们对养猪户环境行为目前也还没有统一定义。在环境行为的研究范式上，较多研究者将公众的环境素养归纳到环境控制感当中，因而之前学者对于环境行为的研究更多是基于社会心理学基础上所进行的适当修正。在环境行为影响因素的研究上，以往的研究较多地集中在环境态度、环境价值观、环境敏感度等心理因素上。但环境情感和环境感知作为环境态度的两个方面，以往的研究更多集中在环境情感对环境行为的影响上，而对于环境感知对环境行为影响的研究较少，在当前养猪业面临着严重环境风险的情况下，将环境风险感知作为环境行为重要的前因，将进一步完善养猪户环境行为的研究。

在环境规制的研究方面，以往的研究主要集中于宏观层面，运用截面数据对环境规制与经济增长、产业结构、产业效益等关系进行研究，研究方法上较为单一。在养猪业环境规制方面的研究还相对较少，整体来讲，相对于命令控制型环境规制政策，学者们对养猪业经济激励型环境规制影响研究较多。在养猪业经济激励环境规制的研究上，当前的研究主要集中于对整个畜牧业规制政策解读、梳理以及国外经验借鉴等方面，专门针对养猪业政策梳理及养猪业规制政策效果、影响的整体分析和研究上无论是理论研究还是实证研究都较为欠缺。

在环境风险感知、环境规制、环境行为三者关系的研究方面，以往研究更多集中于公众心理因素或风险感知—行为应对关系的研究上，研究对象则更多集中于普通公众和消费者，而对于环境风险感知—环境行为的研究还相对较少，特别是将着眼点放在养猪户这一农村环境风险治理重要主体，对其环境行为实施的前因—养猪户环境风险感知及养猪户环境风险感知—环境行为的研究甚少；在环境风险感知、环境规制及环境行为三者关系的研究上，当前学者的研究较多集中于研究心理因素、政府规制对农户行为的独立影响作用，或是将心理因素（安全生产意向及环境态度、价值观等）设定为调节变量，研究心理因素对环境规制—农户行为关系的影响；而从环境行为实施主体养猪户的重要心理因素—环境风险感知出发，结合养猪业的行业特征以及当前生猪养殖最重要的情境因素环境规制政策的影响来研究三者之间关系的研究还甚少。

因此，本书将在汲取国内外相关研究成果的基础上，从养猪户这一当前养猪业环境风险治理的重要主体出发，运用心理测量范式对养猪户的环境风险感知程度进行测量，并从内外部视角深入探寻其影响因素；验证养猪户的环境风险感知对其环境行为的影响作用，并找出其作用机理。并结合当前最严的养猪业环境规制政策情境，深入研究环境规制政策对养猪户环境风险感知—环境行为的影响作用，并对不同的规制政策产生的作用效果进行比较，从而对当前的养猪户的环境风险感知、环境规制、环境行为之间关系的研究进行更好的完善。

1.5 研究内容与方法

1.5.1 研究内容

在当前养猪业污染日益严重，亟待突破资源、环境约束实现生态转型的背景下，本书主要目的在于分析养猪业所造成的环境风险特征，探寻养猪户环境行为实施背后的深层心理原因，了解当前养猪户环境风险感知的程度并探求其影响因素，以及政府环境规制对养猪户环境风险感知—环境行为的调节作用，从而更好地完善相关的规制政策以促进养猪户环境行为的实施。具体的研究内容如下：

第1章为导论部分。本章在全面阐述研究背景与研究意义的基础上，全面综述了当前国内外文献关于环境风险感知、环境规制以及环境行为所作的研究，并对相关文献进行述评。同时，进一步阐述本书的研究内容、研究方法以及可能的创新点。

第2章为相关概念阐述及理论基础。本章中将对书中所涉及的关键概念进行梳理和界定；对全书的理论基础如复杂环境行为理论、意识—情境—行为理论、外部性理论、环境承载力理论、可持续发展理论进行进一步的阐释；构建环境风险感知对环境行为的作用机理，以及政府环境规制情境下养猪户环境风险感知—环境行为关系，提出本书的研究框架。

第3章是养猪业环境风险现状及特征分析。本章通过回顾我国养猪业的发展历史及现状，归纳总结出当前养猪业所带来的环境风险状况。同时以湖北省养猪业所带来的环境风险状况为例，根据湖北省农业的相关统计数据，测算出湖北省养猪业给土壤、水体、大气所带来的承载压力，并对其特征进行总结，进一步验证养猪业环境风险的严峻形势。

第4章是养猪户环境风险感知现状及影响因素的实证分析。本章首先介绍了养猪户环境风险感知的量表设计，并运用调研数据对养猪户环境风险感知测量项目及结构维度进行信效度检验；其次在对调研所获取的数据来源、样本构成进行介绍的基础上，对养猪户的环境风险感知现状进行描述性统计分析和总结；最后基于之前研究所构建的理论模型，利用多元线性回归方法从内外部因素出发对养猪户环境风险感知的影响因素进行了挖掘。

第5章是养猪户环境风险感知对其环境行为的影响研究。本章在对我国养猪户的环境行为进行介绍、总结和分类的基础上，对湖北省养猪户环境行为进行了描述性统计分析，接着利用运用方差分析、多元回归分析等方法对养猪户环境风险感知对环境行为的影响进行实证研究，最后针对回归结果进行分析和总结。

第6章是养猪业环境规制政策对养猪户环境风险感知—环境行为关系调节效应的实证检验。首先，对近年来我国养猪业的环境规制政策进行梳理，并将养猪业的环境规制政策分为命令控制型环境规制政策和经济激励型环境规制政策；其次，运用层次回归分析方法基于湖北省规模养猪户的调研数据对环境规制政策对养猪户环境风险感知—环境行为关系的调节作用进行检验，并对命令控制型规制政策与经济激励型政策对养猪户环境风险感知—环境行为关系的调节作用进行比较和分析，最后针对分析结果进行归纳和总结。

第7章是国外环境规制政策防范养猪业环境风险的经验借鉴。

在对国外养猪业环境规制政策进行介绍的基础上，从养殖准入审批、粪污处理管理以及粪污交易制度等多方面总结国外环境规制政策促进养猪户环境行为的成功经验以及对我国的启示。

第8章是研究结论及研究展望。系统总结与阐述本书的主要研究结论，提出促进我国养猪户风险感知提高和环境行为采纳的具体政策建议；结合自身研究经历指出本书所存在的欠缺与不足之处，并对未来的研究进行展望。

根据上述的研究目的和主要研究内容安排，本书遵循“提出问题→理论研究构建分析框架→分析问题→提出对策建议”这一研究思路。具体的研究技术路线如图1-1所示。

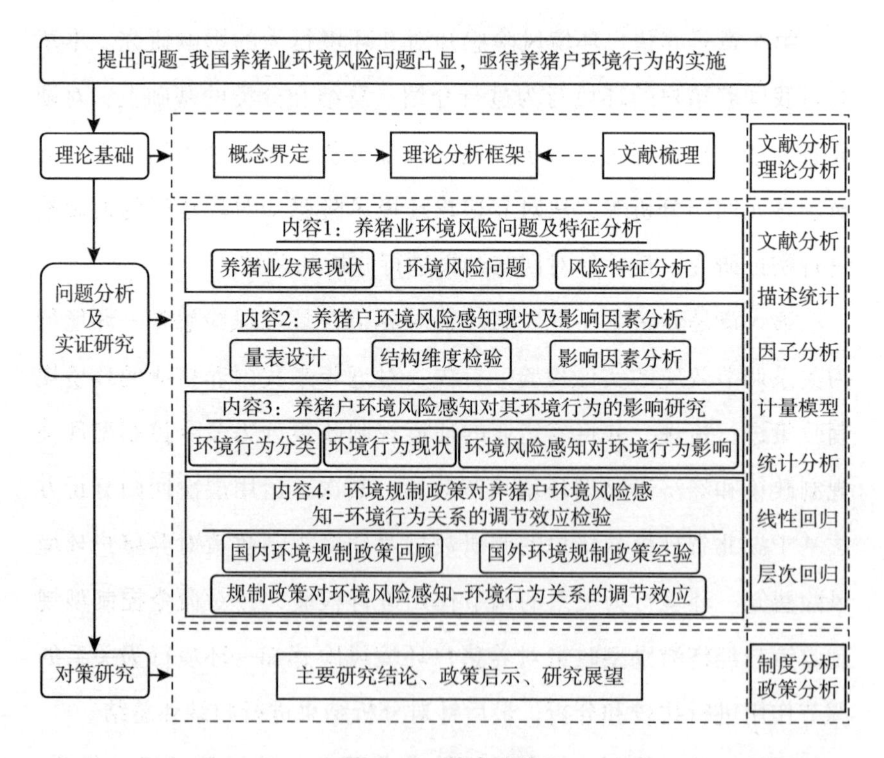

图1-1 技术路线

1.5.2　研究方法

本书从我国养猪业所造成的环境风险现状出发，分析了养猪户作为养猪过程中最重要的生产主体其环境风险感知的现状及对环境行为的影响，找出了养猪户环境风险感知的影响因素、养猪户环境风险感知对其环境行为的作用机制以及政府规制下政策影响下养猪户环境风险感知与其环境行为的关系提出研究假说，并采用实证模型进行检验，采用理论分析和实证分析相结合的方法，以理论分析为基础，实证分析为重点，注重文献归纳法、统计分析方法和计量经济学方法的结合和运用。具体方法如下：

1. 文献资料查阅法

本书将尽可能全面的搜集有关文献，通过对中外文献的阅读，了解当前已有的环境风险感知、环境规制以及环境行为等相关的研究成果、所达到的研究水平以及主要采用的研究方法，归纳和分析当前这些研究上所存在的问题以及尚需进一步解决的问题。在此基础上，运用经济学相关的理论与方法，验证养猪户环境风险感知与环境行为之间是否具有一致性，养猪户环境风险感知对其环境行为的作用机制，以及政府养猪业环境规制对养猪户环境风险感知—环境行为关系的影响作用，为提升养猪户的环境风险感知，完善养猪业的环境规制政策促进其环境行为的实施提出相应的对策、建议。

2. 深度访谈与实地问卷调查法

本书通过实地的问卷调查和深度访谈来获取养猪户环境风险感知和环境行为采纳的第一手资料。为此，本书通过选取湖北省这一生猪养殖大省中典型县（市）的规模养猪户为调查对象，对养猪户的个体及经营特征、养猪户对环境风险损失、环境风险后果以及环境风险原因的感知状况、养猪户环境行为方式、政府命令型环境规制政策、经济激励规制政策对养猪户的影响等问题进行随机抽样调查，从而了解养猪户的环境风险感知状况、环境行为采纳状况以及养猪业环境规制政策对养猪户所产生的影响，获取微观实证研究所需的基础数据。

3. 计量模型分析方法

（1）根据环境承载力理论，测算出湖北省养猪业对土壤的粪便负荷量承受程度和氮磷污染程度。

养猪业对土壤的粪便负荷量承受程度的测算，主要是根据畜禽粪便量的计算方式计算出湖北省畜禽粪便量，并将养猪业粪便量与其他主要畜禽的粪便量进行比较，计算出养猪业在畜禽污染中所占的较大比例。再将各种畜禽的粪便量转换为猪粪当量，再将畜禽粪便猪粪当量的耕地负荷除以农田有机肥理论最大适宜施肥量（一般为 $30t.\ hm^{-2}$），得出区域畜禽粪便负荷量承受程度的警报值 R。

其中，畜禽粪便量的计算公式为：

畜禽粪便量 =（畜禽出栏量或年末存量）× 日排泄系数 × 饲养周期

猪粪单位量 = 当年各类畜禽粪尿排泄量(t) × 换算系数 ×1 000；

畜禽粪便土壤的氮、磷环境负荷的计算公式为：

畜禽粪便氮（磷）的环境负荷 = 畜禽粪便氮（磷）含量 ÷ 耕地面积

（2）根据环境承载力理论，测算出湖北省养猪业对水体的承载压力、水环境的承载压力，具体的计算公式为：

$$W = L_{required} / L_{water}$$

其中，W 表示区域水环境承载压力指数；$L_{required}$ 表示既定水环境标准下系数畜禽粪便所需要的地表水资源量，而 L_{water} 则表示各地区的地表水资源总量。若 $W>1$，则排入水体的畜禽粪便超出了本区域的地表水资源的承载能力，畜禽粪便对水体造成了一定的污染；若 $W<1$ 或 $W=1$，则指排入水体中的畜禽粪便未超出区域地表水资源的承载能力，畜禽粪便对水体不造成污染。

4. 数理统计方法

（1）相关分析法。

为增加实证模型的准确性并初步验证养猪户环境风险感知与环境行为之间的关系，在进行多元线性回归分析之前采用 SPSS 软件根据调研所获取的微观数据对养猪户环境风险感知与其环境行为采纳进行相关性分析。

（2）主成分分析和验证性因子分析方法。

在对养猪户的环境风险感知及养猪业环境规制政策对养猪户影响的问卷确定过程中，采用 SPSS 软件运用主成分分析方法对养猪户环境风险感知、养猪业环境规制政策影响的结构维度进行确定，接着，运用 AMOSS 软件通过验证性因子分析对问卷结构的信效度进行进一步验证。

（3）线性回归分析方法。

采用多元线性回归分析模型，分析养猪户环境风险感知的内外部影响因素。多元线性回归模型的基本形式为：

$$Y_i = C_0 + C_1X_{1i} + C_2X_{2i} + C_3X_{3i} + \cdots + C_nX_{ni} + U_i$$

式中，Y_i 为被解释变量，X_{1i}、$X_{2i} \cdots X_{ni}$ 为解释变量，n 为解释变量的数目，$C_n(n=1, 2, \cdots, n)$ 是 X_{1i}、$X_{2i} \cdots X_{ni}$ 解释变量的回归系数；U_i 表示样本残差项。

（4）多元有序回归分析方法。

采用多元有序回归分析模型，分析养猪户环境风险感知对其环境行为的影响。多元有序回归模型的基本形式为：

$$Logit(P_j) = \ln[P(y \leqslant j)/P(y \geqslant i+1)] - \alpha j + \beta x$$

其中，P_j 代表采用某一等级环境行为的概率，$P_j = P(y = j)$，$j = 0, 1, 2, 3, 4, 5$；$(x_1, x_2, \cdots, x_i)^T$ 表示一组自变量，α_j 是模型的截距，代表的是一组与 x 对应的系数。

（5）分组回归分析方法。

运用 SPSS 软件利用分组回归分析方法对养猪业环境规制政策对养猪户环境风险感知—环境行为之间关系的影响进行检验。

在检验政府环境规制对养猪户环境风险感知—环境行为关系的调节效应过程中，分别以约束型环境规制、激励型环境规制政策作为标准变量，以约束型环境规制、激励型环境规制政策均值作为分组标准，将样本分为两组，其中一组为环境规制政策高于均值，另一组为环境规制政策低于均值。在高组与低组中分别将自变量（养猪户环境风险感知各维度变量）对因变量（养猪户环境行为的采纳）进行多元有序 Ordinal 回归，比较不同组别系数的显著性变化来考察调节变量的作用效果。

1.6 研究创新点

本书可能有以下 3 点创新：

1. 研究选题具有新颖性

现有对养猪业环境风险的研究较多集中在养猪户环境风险防治

行为及环境风险防治技术的研究，本书将研究视角集中于研究养猪户环境风险防治行为背后心理因素影响的研究，构建了“养猪户环境风险感知—环境行为”的整合关系模型，从心理因素构建其对养猪户环境行为采纳的影响机制；接着进一步从政策情境因素深入研究其对养猪户“环境风险感知—环境行为”关系的影响，拓展了现有关于养猪环境风险防治的研究体系，在选题上具有一定的新颖性。

2. 研究内容上创新

本书的研究内容创新主要体现在以下三个方面：①以往对公众环境风险感知的研究中，更多集中于从风险的双因素模型即风险发生的概率和风险严重性的大小两个方面，研究其风险感知程度。本书则基于风险三要素理论，从风险事件感知、风险损失感知和风险原因感知三个维度来研究养猪户对养猪业所造成的环境风险感知，对以往的环境风险感知研究有一定的突破；②在对养猪户环境行为的研究中，以往的研究均拘泥在对某一项特定具体的环境行为或粪污处理技术采纳的研究上，本书将结合养猪业的产业特点，对生猪养殖全过程的环境行为进行全面归纳总结，在对养猪户环境行为的内容上更为全面；③在对养猪业环境规制的研究中，以往的研究更多是针对现有政策进行梳理，理论研究偏多，实证研究偏少。本研究将在研究养猪户环境风险感知对其环境行为影响的基础上，通过回顾我国养猪业环境规制政策影响进一步实证研究养猪业环境规制政策对养猪户环境风险感知—环境行为关系的调节作用，并将养猪业环境规制分为约束规制和激励规制两个维度，对比不同的政策维度对养猪户环境风险感知—环境行为关系作用的差异，为完善养猪业的环境规制提出更加具体、更针对性的建议提供依据，对养猪业规制政策的研究在内容上有一定的创新。

3. 研究方法上创新

以往对于养猪业所造成的环境污染研究大多集中于其对环境某一方面的污染，本书将基于环境承载理论，综合考虑化肥使用和养猪业污染等综合因素，科学测算出养猪业对周围土壤、水体的污染程度、环境承载压力以及温室气体的排放量，在研究方法上具有一定的创新性。

第 2 章

概念界定及理论基础

本章首先对本书中所涉及的重要概念如风险、风险感知、环境风险感知、环境行为等进行定义界定和内涵的分析，接着对本书的理论基础如行为经济学理论、意识—情境—行为理论、外部性理论以及环境承载力等相关理论进行了阐述，并在此基础上构建本研究的理论分析框架，为理论模型的构建和实证研究的展开奠定了理论基础。

2.1 相关概念界定

2.1.1 风险

“风险”这一概念最早是在16～17世纪由西方探险家们使用并发展起来的，指的是“在危险的水域中航行”，后演变成英语单词“risk”。“风险”一词的应用十分广泛，但到目前为止仍然没有一个科学合理的定义。出于对风险研究的角度不同，不同领域的学者基于其学科视角在不同的时期和制度条件下对风险有着不同的理解。在统计学领域，风险被理解为：由于采用某个错误的决策函数所发生的预期实验损失和实验成本的总和（Wald，1950）。保险学家则偏向于将风险定义为实际结果与预期结果的偏差（刘钧，2008）。在风险管理领域，维莱克和斯塔伦（Vlek & Stallen，1981）对风险的定义进行了归纳，并将其定义为两个方面：损失的概率、期望的损失，损失的大小等于“可能发生损失的概率与大小的乘积”。同时指出“风险是指在特定的客观情况下，在特定的期间内，某种损失可能发生的可能性”。在国内，孙祁祥（2009）则更加注重风险的损失性，将风险定义为：“风险是一种损失发生的不确定状态，且这种状态是客观存在的。”

综观以上学者关于风险的描述与争论可以发现，多数学者认可风险是一个二维概念，可以通过损失发生的大小与损失发生的概率（不确定性）两个指标来进行衡量。风险的最重要特征体现在其不确定性上，这种不确定性既可能源于风险事件本身的随机性，也可能源于我们对风险影响与把握的不确定性。因此，学术界对风险的界定主要可以划分为两派：客观实存派和主观建构派。

1. 客观实存派思维下的风险

早期的研究者更多的是从“客观”或“实体”的观念出发，以实证主义为指导，得出有关风险的分析模式与系列观点，形成风险研究的客观实存学派。在风险的客观实存派思维中，风险是以客观存在为前提，以风险事故观察为基础，通过客观尺度来进行测量的（彭黎明，2011）。客观实存派认为风险最重要的特征为：①风险是客观存在的，不依赖于人的意识而客观存在；②风险的发生具有不确定性，呈现出非规律与非规则性，人们无法事先了解、确定风险发生的时间、地点、概率以及结果的严重性等信息；③风险的大小可以依靠一定的工具和手段进行测量。

客观实存派认为风险由三大要素组成（见图2－1），主要包括风险因素、风险事故和损失这三大方面。风险因素主要指的是引起或增加风险事故发生可能性的因素，包括实质风险因素、道德风险因素和心理风险因素等，是引起风险事故发生或者产生损失的条件（刘钧，2008）。风险因素是风险事故发生的潜在原因，是造成损失的内在或间接原因。风险事故也称为风险事件，指的是直接造成损失或后果的偶发事件或意外事件，是造成损失的直接或外在原因，风险要通过风险事故的发生才能导致损失。损失则指的是非故意的、非预期的、非计划的经济价值的减少，包括直接损失和间接损失，有形损失和无形损失。风险因素、风险事故和损失三大要素存在一定的因果关系，要全面深刻认识风险，不仅需要对风险本身进行认识，还需要将风险与风险因素、风险事故、损失等相联系起来。

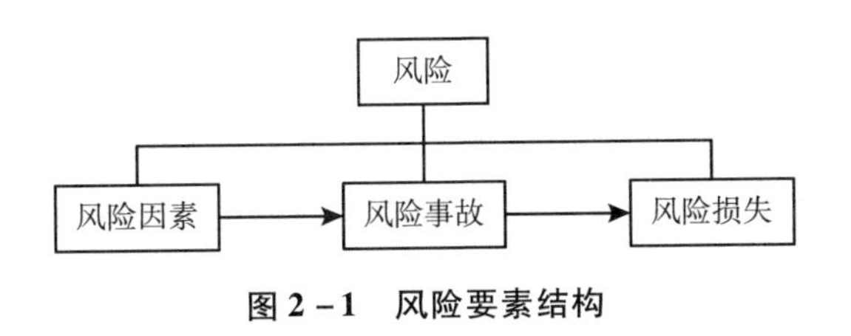

图2－1　风险要素结构

2. 主观建构派思维下的风险

主观建构派的学者则主要是从“主观”或是“建构”的观念出发，以后实证主义为指导思想，运用社会学、文化学、人类学等理论和方法进行研究。主观建构派普遍认为风险是由社会和文化历史进展建构而成的，其存在是由人们的认知、态度、文化背景、社会环境等因素共同决定的。主观建构派中较有代表性的三种风险范式有：

（1）以玛丽·道格拉斯和舒特·拉什（Mary Douglas & Schott Lash）等为代表的“风险文化理论”，其主要观点为风险是主观心理认知的结果，在不同的文化背景下有着不同的解释话语，不同群体对于风险的应对都有着自身认知的心理图景（Douglas，1982）。风险的凸显更多地表现为一种文化现象而非社会秩序。“风险文化理论”的代表学者们认为，当代社会风险实际上并没有增加，也没有加剧，相反仅仅只是被察觉、被意识到的风险增多和加剧了（李惠斌，2003）。在科学技术迅猛发展的情况下，人们感觉风险增多的原因主要源于人们认知程度的提高。

（2）以尤里奇·贝克（Ulrich Beck）为代表的“风险社会理论”，其基本观点为：风险的出现是现代化和全球化时代下的必然产物，风险在根源上具有内生属性。该理论的代表人物贝克认为，风险社会是现代性的一个阶段，在这个阶段自然与传统失去了其无限效力，不再具有控制人的力量。伴随着人类的决策与行为，在工业化道路上各种社会制度和应用科学等运行共同结果产生的各种现代风险开始占到主导地位，从而形成一种新的社会形式即风险社会（Beck，1992）。贝克还将风险分为前工业社会的风险、古典工业社会的风险和“后工业时代”的风险，其中第三种才能称之为“风险社会”。

（3）以埃瓦德（Ewald）为代表的“风险治理理论”，其基本观点为：现实生活中并不存在风险，风险只是政府训诫的一种战略，只要公众认可政府、专家制定的制度，风险就能够被有效控制、这一理论并不关注风险自身的本质，而主要是把注意力集中于规避计算和预知风险的知识形式、主导话语、专门技术和社会制度之上（Lupton，1999）。

2.1.2　风险感知

"认知"一词最早源于心理学，是指获得知识的过程，包括感知、表象、记忆、思维等。学界对风险感知的研究起源于 20 世纪 60 年代人们对自然灾害的非理性判断和公众对现代技术与风险可接受的争论度这两大问题的关注，其关注的重点在于人们主观对待风险的方式。关于风险感知的概念，学者们就其丰富的内涵给出了很多不同的界定。如谢晓非、徐联仓（1995）认为，风险感知是指个体对存在于外界各种客观风险的感受和认知，这种感知会受到个体由直观判断和主观感受获得的经验的影响。由于外界环境中客观风险存在的形态具有复杂多样性，因而个体的风险认知的形态也具有多样性。斯洛维克（Sloivc. P，1987）认为风险感知是指人们依赖知觉对各种有危险的事物所进行的风险判断和评估，这种风险感知具有非逻辑性和主观性。斯特金（S. Sitkin，1992）则将风险感知定义为"决策者评估情境多包含的风险，包括决策者如何描述情境、对风险的控制性与概率估计及估计的信息度"。皮德格昂（1992）则认为风险感知作为人们对影响日常生活和工作的各种风险因素的心理感受和认识，包含人们的信念、态度、判断和感觉，融入了社会、文化背景和价值观，以及人们面对潜在危险和利益的选择。

综合以上学者的观点，风险感知被普遍认为是人们对风险特征和风险严重性的主观判断，取决于个人的阅历和社会网络，受到社会行为规范和媒体的影响（Weinstein，1987），而这种判断和实际的客观风险之间往往存在偏差（李华强，2009）。

2.1.3 环境风险感知的内涵

根据《汉语大辞典》释义，环境是指“周围的地方或周围的情况和条件”。曲向荣（2009）认为“环境是指人类赖以生存与发展的社会和物质条件的综合体，包含物质、能量、现象以及空间”。环境风险广泛存在于人类的各种活动中，其性质和表现方式复杂多样，按照不同的分类原则，环境风险存在各种不同的分类。按风险源来分，环境风险可以分为自然环境风险、社会环境风险。按风险受体来划分，环境风险可分为人体风险、环境风险、设施风险；按风险传播途径划分，可以分为水环境风险、大气环境风险、土壤环境风险等；按风险后果划分，则可以分为生命风险、生态环境风险、经济风险等。

关于环境风险的内涵，国内外学者也给出了较为丰富的阐释。程胜高（1997）认为“环境风险是指由人类活动引起的、能对人类社会及其生存发展的基础—环境产生破坏、损失及至毁灭性作用等不良后果事件发生的概率。”袁业畅（2005）认为“环境风险是指由自然原因或人类行为引起的，通过环境介质传播，能对人类社会及自然环境产生破坏、损害及毁灭性作用等不良事件发生概率及其后果。”毕军、杨洁、李其亮（2006）指出“环境风险是由自然原因或人类活动引起的，通过降低环境质量，从而对人类健康、自然生态产生损害的事件。”日本学者黑川哲志（2008）则认为“环境风险是指环境污染所产生损害的大小和其发生可能性或者期待值。”在现有文献中，“环境风险”更多指的是“自然环境风险”即由于自然原因或人为的开发活动，对人类、社会与生态等造成的影响以及所造成的损失等。综合之前学者对风险三要素的界定以及环境风险的研究，本书将“养猪业环境风险”定义为“生猪养殖这一人类活动对周围环境所造成的风险事件、具体的风险原因以及产生的损失”。

环境风险感知的研究开始于20世纪50年代，环境事件成为社会关注的焦点，关于核能、生物技术等风险的认知研究开始在国外兴起。弗里威尔（Frewer，2004）认为环境风险感知主要是公众对各种环境风险所作出的响应。而段红霞（2009）在此基础上对环境风险感知的定义进行了进一步的完善，提出环境风险感知主要是指人们对人类活动导致的环境变化给其生存的自然环境和社会人文环境带来影响的心理感受程度和认识。

基于以上研究基础，本书将“养猪户环境风险感知”定义为“养猪户对生猪养殖这一人类活动对周围环境所造成的风险事件、具体的风险原因以及产生损失的主观感受和判断。”

2.1.4 环境行为

国外不同学者对“环境行为”有不同的称谓。凯瑟、沃尔弗灵和福赫尔（Kaiser，Wolfing & Fuhrer）等称之为“生态行为（ecological behavior）”，斯登（Stern）称之为“具有环境意义的行为（environmental significant behavior）”，波尔亭加、斯泰格和维莱克（Poortinga，Steg & Vlek）等则称之为“环境行为（environmental behavior）”，加特斯莱本（Gatersleben）等称之为“积极的环境行为（proenvironmental behavior）”。关于环境行为的定义，不同的学者也给予了不同的观点。从广义上来看，武春友、孙岩（2005）认为，环境行为指可以影响生态环境品质或者环境保护的行为。它既可以是有利于生态环境的行为，也可以是有害于生态环境的行为。王芳（2007）则认为环境行为主要是指作用于环境并对环境造成影响的人类社会行为或各社会行为主体之间的互动行为，既包括行为主体自身行为对环境造成的影响，也包括行为主体之间的直接或间接作用后产生行为的环境影响。环境行为包括环境保护行为和环境破坏行为两种类型。从狭义来看，谭千保和钟毅平（2003）指出，所谓环境行为是指人们在具有的环境知识、态度和技能的基础上，参与各种解决环境问题的行动。

虽然学者们给出的名称不一样，但对狭义环境行为的内涵界定基本一致，都强调“个人主动参与、付诸行动来解决或防范生态环境问题”。本书中“养猪户环境行为”也主要指的是狭义的环境行为，即“养猪户所作出的正面的、有利于防范生猪养殖全过程环境污染的行为”。

2.1.5 政府规制

规制通常指的是政府通过实施法律及规章制度对经济社会个体

行为的干预，规制主体一般为广义的政府，而规制的对象为微观经济社会个体的行为。植草益（1992）根据规制主体不同，将规制分为直接规制和间接规制。间接规制指的是由司法部门依据《反垄断法》和《民法》《商法》实施的对不公平竞争行为的制约活动。而直接规制则主要是由政府行政部门实施的经济性规制和社会性规制。其中，经济性规制主要针对自然垄断行业和存在信息不对称的部门，通过对公益事业的进入或退出条件、价格和消费水平产品和服务质量等进行明确的规定，来达到提高资源配置效率和保障交易公平的目的；社会性规制则主要针对一般部门和行业，主要是政府对某些产品和服务的质量以及对提供这些产品和服务相关的各种活动制定一定的标准，根据这些标准来限制或禁止某些特定行为，从而达到保障劳动者与消费者的安全、健康和卫生，防止公害，保护环境的目的（谢地，2003）。广义上的规制包括直接规制和间接规制，而狭义的规制仅指直接规制（肖宏，2008）。

关于环境规制的内涵，潘家华（1997）将其定义为“政府以非市场途径对环境资源利用的直接干预”。王齐（2005）进一步指出政府环境规制的手段不仅可以运用非市场手段（如禁令、标准等），还可以运用市场手段（如排污权交易等），不仅包括直接干预还包括间接干预，并将环境管制定义为“政府对环境资源利用的直接和间接干预，包括行政法规、经济手段和利用机制政策”。赵红（2006）进一步将环境管制的目标融入到环境管制的定义中，认为“环境管制是指由于具有外部不经济性，政府通过制定相应政策与措施对厂商等的经济活动进行调节，以达到保持环境和经济发展相协调的目标，具体包括工业污染防治和城市环境保护”。

综合以上学者的定义，结合本书的研究内容，本书将养猪业环境规制定义为“政府为了克服养猪业环境的外部不经济性，所制定的对养猪户养殖污染进行约束，并对养殖环境行为进行激励的制度和采取的措施”。

2.1.6 生猪规模养殖户

我国的生猪养殖主要分为散户养殖和规模养殖。散户养殖的目的一般都是自家宰杀食用，少则几只、多则几十只。散户养殖的模式，一般防疫条件差、人居住的场所与猪舍距离较近。散户养殖的主要特点是技术落后、饲养方式粗放、生产和经济效益低下。规模化养殖是指养殖企业或专业户为满足市场需要，以获得规模经济效益的养殖生产经营方式，这种养殖方式以获得规模效应为目的。

关于规模养殖的划分，国内还并无统一标准。根据原国家环境保护总局、国家质量检验检疫总局发布的《畜禽养殖业污染物排放标准》（GB18596—2001）以及农业部发布的《畜禽粪便无害化处理技术规范》（NY/T1168—2006）都规定“集约化生猪场（户）的适用规模为：存栏生猪500头以上”。而环境保护部《畜禽养殖业污染治理工程技术规范》（HJ497—2009）规定“集约化生猪养殖场指的是存栏数为300头以上的养猪场”。国家发展和改革委员会价格司编制的《全国农产品成本收益资料汇编》（2012）规定规模化生猪养殖的标准为：生猪饲养规模为30头以上。

本研究中，对生猪的规模养殖户的定义主要是沿用国家发展和改革委员会价格司的标准，将研究对象主要限定为饲养规模为30头以上的养猪户（场）。

2.2　相关理论基础

2.2.1　态度—情境—行为理论

态度—情境—行为理论即ABC理论（The theory of attitude-context-behavior）起源于斯登和奥斯卡姆（Stem & Oskamp，1987）提出的复杂环境行为模型，该模型认为：内外部因素共同决定环境行为，其中外部因素包括社会制度、经济激励等，内部因素包括环境态度、信息及行为意向等。瓜那诺等（Guagnano，1995）在此基础了提出了态度—情境—行为理论，其认为环境行为是情境态度变量和情境因素相互作用的结果。当情境因素的影响中性时，环境态度和环境行为的关系最强，当情境因素极为有利或不利的时候，可能会大大促进或阻止环境行为的发生，此时环境态度对环境行为的影响会接近于零。这意味着，如果情境因素不利于环境行为（要支付更高的成本、花费更多时间或代价时），环境行为对环境态度的依赖性就会显著变弱，对情境的依赖性则会显著增强。态度—情境—行为理论的贡献在于，发现了两类因素（内在态度因素和外部情境因素）对行为的影响，并验证了情境因素对环境态度和环境行为之间关系的调节作用（王建明，2009）。但态度—情境—行为理论对态度的形成过程以及态度对行为的影响机制没有更深入的分析。

养猪户环境行为实质上是养猪户对生猪养殖过程中环境风险的一种规避行为，其认知因素主要指的是养猪户对生猪养殖过程的环境风险感知。养猪户实施环境行为过程中，社会环境因素同样会对其产生重要的影响，生猪养殖所造成的环境风险作为典型的外部性问题，必须要借助政府环境规制对其环境污染行为进行调控。因此，政府的环境规制也就成为养猪户环境行为实施过程中最重要的社会情境因素。

因此，本书将在分析养猪户环境风险感知对其环境行为采纳的影响基础上，进一步验证政府的环境规制的调节作用。

2.2.2 公共产品和外部性理论

公共产品的经典理论由美国经济学家萨缪尔森于 1954 年提出，萨缪尔森（Samuelson，1954）在《公共支出的纯理论》一文中将产品划分为集体产品（公共产品）和私人产品，其认为公共产品最大的特点是每个消费者消费这种产品但不会导致他人对该产品消费的减少。随后，美国经济学家布坎南（1965）指出，萨缪尔森的分析遗漏了介于公共产品和私人产品之间的另一种类型产品即准公共产品。纯公共产品同时具有非竞争性和非排他性，其中非竞争性指的是增加一个消费者参与消费，该产品的边际成本为零；非排他性则指的是消费者消费该产品时无法通过特定的技术手段来排除他人使用，否则代价非常高昂。准公共产品相较于纯公共产品，性质上有一些变化，一类准公共产品的使用和消费局限在一定的地域中，其收益范围是有限的；而另一类准公共产品是公共的，一个人的使用也不能排斥他人的使用，但是出于私益，这种产品的消费上存在着竞争，但由于其公共性，物品使用存在“拥挤效应”和“过度使用”的问题，自然环境就属于典型的此类公共产品。环境是所有人共同所有，每个人都平等地享有使用权，这导致自然环境被社会公众过度的索取。

外部性理论最早起源于英国经济学家马歇尔（Alfred Marshall）1890年发表的《经济学原理》中提出的“外部经济”概念。马歇尔在其中使用了“内部经济”和“外部经济”来说明除了土地、劳动和资本这三种生产要素之外的第四类生产要素的变化如何导致产量的增加。马歇尔的论述表明，所谓内部经济是指由于企业内部的各种因素所导致的生产费用的节约，而外部经济则是指由于企业外部的因素所导致的生产费用的减少和效率的提高。马歇尔在理论上对外部性问题的抽象和概括（Clapham. J. H，1922），为外部性理论的产生提供了思想源泉（罗士俐，2009）。

20世纪20年代，马歇尔的学生庇古（Pigou）在其著作《福利经济学》中，在马歇尔提出的“外部经济”概念基础上扩充了“外部不经济”的概念。并运用“边际个人净产值”和“边际社会净产值”的背离来阐释外部性。庇古指出，只有当“边际个人净产值”和“边际社会净产值”相等时，整个社会的资源才能实现最优配置，而当“边际社会净产值”小于“边际个人净产值”时，就会产生“外部不经济”，从而导致市场失灵。针对外部不经济存在所可能造成的市场失灵，庇古进一步提出依靠政府征税或补贴的方式来解决，当存在外部不经济时，政府采取征税的手段，征税的额度为边际外部成本（MEC），边际外部成本等于边际私人成本减去边际社会成本；而当存在外部经济时，政府采取补贴，补贴的额度则为边际外部收益，边际外部收益等于边际社会收益减去边际私人收益，这种政策被称为“庇古税”（黄敬宝，2006）。

奈特（1924）则指出产生“外部不经济”的原因在于缺乏对稀缺资源产权的界定（贾丽虹，2003）。其后，罗纳德·哈里·科斯（Ronald H. Coase）于 1960 年发表论文《社会成本问题》，阐述了产权界定和产权安排在经济交易中的重要性，指出当交易费用为零的情况下，应通过界定产权双方自愿协商的方式来达到资源配置的最优结果；而当交易费用不为零的情况下，则可以通过各种政策手段的成本—收益均衡比较来确定政府的干预方式。在此基础上，我国学者孙鳌（2009）将治理环境外部性的政策工具分为命令控制型政策和基于市场的治理政策两大类，提出针对相应的领域提出灵活选择和组合政府规制政策工具来实现社会福利的最大化。

从经济学角度来看，养猪业环境风险形成的原因是资源环境的公共产品属性和养猪业环境的负外部性问题共同导致的市场失灵现象。环境作为典型的准公共产品，其产权的难以界定性，使得养猪户在生猪养殖的过程中为了追求自身经济利益的最大化，必然会最大限度地加大使用，其在养殖过程中的大量行为如排放污水、不治理粪污等，都会加大周围的环境风险。而这些环境风险却需要由猪场周围所有的人来承担，因而产生了负外部性问题。针对外部不经济导致的市场失灵，依靠市场“看不见的手”无法进行调节，需要政府发挥调控作用。为了解决养猪环境问题的外部性问题则必须采取相应的政府处罚或补贴等规制措施和手段，来修正市场机制的缺陷，减少市场经济运作给周围环境带来的风险。

2.2.3　环境承载力理论

承载力这一概念最早起源于工程地质地域，指的是地基强度对建筑物负重的能力。1798年，英国人口学家马尔萨斯（Malthus）首次指出环境限制因子对人类社会物质增长过程有重要影响，为承载力的研究构建了初步的框架，其核心观点为根据限制因子的状况，推测研究对象的极限数量（张天宇，2008）。之后，该概念被引入生态学领域，并被伯吉斯和帕克将其定义为“某一特定环境条件下，某种个体存在数量的最高极限”（程火生、崔哲浩，2010）。1972年，丹尼斯·米多斯（Meadows，1972）提交了一份名为《增长的极限》的研究报告首次提出“零增长理论”，认为地球资源有限，人类必须自觉地抑制增长，这样才能避免人类社会因资源枯竭而崩溃。这一理论也使得资源环境承载力理论得到了更广泛的关注。

国内对于环境承载力的研究则较晚，直到20世纪90年代后，承载力理论开始被较广泛地应用于土地、水环境等领域，但都沿袭了叶文虎（1998）的定义，认为环境承载力描述了环境系统对人类活动支持能力的阈值，反映出一个地区环境与经济社会的协调程度。2004年，全国科学技术名词审定委员会在此基础上进一步指出土地环境承载力是指“在保持生态与环境质量不致退化的前提下，单位面积土地所容许的最大限度的生物生存量”。而水资源承载力则指的是“一个地区水资源最高可承载的工业、农业和水口水平等生态系统的极限”。

当前养猪业的环境风险主要表现为养猪业对土壤、水体均造成了严重的环境风险，部分地区养猪业所造成的污染已经达到或超过该区域土壤、水体的最大承载量，从而导致区域内土壤、水体的重金属严重超标，对农作物的生长和水中生物、民众的健康造成极大的负面影响，进而影响了地区环境与经济社会协调发展的关系。

2.2.4 可持续发展理论

1962 年，美国蕾切尔·卡逊女士出版的《寂静的春天》，引发了全世界人民对环境问题的关注。1972 年，在瑞典首都斯德哥尔摩举行的世界人类环境大会上首次发布了《人类环境宣言》，并提出“只有一个地球”。1980 年 3 月，由联合国环境规划署，国家自然资源保护同盟和世界野生生物基金会共同组织发起，各国政府官员和科学家参与制定的《世界自然保护大纲》，初步提出了可持续发展的思想，强调“人类利用对生物圈的管理，使得生物圈既能满足当代人的最大需求，又能保持其满足后代人的需求能力”（牛文元，2012）。1992 年 6 月 3 ~ 14 日，联合国在里约热内卢召开了世界环境与发展大会，102 个国家首脑共同签署了《21 世纪议程》，发表里约宣言，积极接受了可持续发展的理念与行动。

可持续发展理论强调“外部响应”和“内部响应”。其中“外部响应”表现在对于“人与自然”之间关系的认识，人与自然要协同进化，人对自然的索取与人类与自然的回馈要互相平衡；“内部响应”则表现为对“人与人”之间关系的再认识，诸如当代人与后代人的关系、本地区和其他地区乃至全球之间的关系，求得整体的可持续进步（牛文元，2012）。可持续发展强调经济、社会、资源和环境保护协调发展，既要发展经济，又要保护好人类赖以生存的自然资源和环境，使子孙后代能够永续发展和安居乐业（唐孝炎，2004）。

可持续发展理论在环境承载力理论的基础上更进一步，不仅仅限于考虑自然环境承载的程度，更强调绿色的发展思想和转变经济发展方式，变传统的“以高投入、高消耗、高污染”为特征的生产模式和消费模式，引导企业采用清洁工艺和生产非污染物品，实施清洁生产，以提高经济活动中的效益、节约资源和减少废物。

近年来，我国养猪业在规模化程度不断提高的同时，其排放的废弃物也给农村环境所带来了极大的污染，猪场周围很多地区的土地、水体资源都面临着严重的承载压力，温室气体排放状况日益严峻，个别地区甚至因猪场污染发生而引发与周围民众的冲突事件，严重地破坏了经济社会与资源、环境保护之间的协调发展关系。这种现象的发生显然与养猪户环境行为的采纳、清洁生产的实施有着密切的关系。因此，遵循可持续发展的思想，转变养猪户的思想观念，充分利用政策引导，减少养猪业资源的投入、加大生猪养殖过程废弃物的无害化处理和资源化利用是养猪业和资源环境协调发展的必然途径。

2.3 分析框架

基于上一章的文献综述和本章的理论基础，本研究认为随着我国生猪养殖的不断规模化和集约化，养猪业种养分离现象越来越常态化，粪污等大量生猪废弃物给周围环境所带来的风险越来越突出。养猪户作为生猪养殖过程中的主要行为主体，其环境行为的采纳及清洁生产的实施是实现养猪业与资源环境协调发展，防范养猪业环境风险的关键所在。环境风险感知作为养猪户对生猪养殖所导致的环境风险的直觉判断，是其采纳环境行为背后的重要心理原因，提高养猪户的环境风险感知一定程度上能促进其环境行为的采纳。但由于养猪户作为有限理性经济人，环境行为的采纳必然会导致其养殖成本的增加，再加上环境的公共产品特性以及环境问题自身的负外部性，使得养猪户环境风险感知与其环境行为之间的一致性还有待进一步考证。而面对养猪环境问题所导致的市场失灵现象，需要通过政府的环境规制，对养猪户的养殖行为进行进一步的规范。但基于环境规制政策的多样性、自身的不完善性以及政策执行中可能存在的不力现象，其对养猪户环境风险感知—环境行为之间关系的调节效应还有待进一步的检验。本书的具体研究思路如下：

第一，在归纳中国生猪养殖业发展历程的基础上，总结我国生猪养殖业所带来的严峻的环境风险问题，并以湖北省的生猪养殖为例，验证当前生猪养殖是否达到了当前的环境承载力的极限，引导养猪户实施环境行为，突破养猪业资源环境的限制，实现养猪业的可持续发展成为亟待解决的问题。

第二，基于卢因的行为模型，指出养猪户的心理因素即养猪户环境风险感知是影响其环境行为的重要原因，通过对湖北省280户生猪规模养殖户的调研数据，从风险的三要素出发了解当前生猪养猪户环境风险感知的现状，并深入分析养猪户环境风险感知的影响因素。

第三，介绍当前生猪养殖过程全过程所涉及的环境行为并对其进行分类，并在对养猪户环境行为进行描述性统计分析之后，分析养猪户的环境风险感知是否其环境行为的采纳产生正向的影响作用。

第四，从态度—情境—行为理论出发，找出影响养猪户环境行为中重要的社会情境因素——环境规制，环境问题的公共产品性质及本身的负外部性特征也决定了养猪户的环境行为与政府的环境规制存在着一定的关系，因此，本章将在ABC理论的基础上进一步验证环境规制对养猪户环境风险感知—环境行为之间的调节作用。

第五，借鉴发达国家政府规制的先进经验，依据当前我国养猪户风险感知的现状及环境行为采纳的状况，归纳总结出本书的结论，并提出相应的对策建议。

根据分析框架，构建本书的理论模型图如图2－2所示。

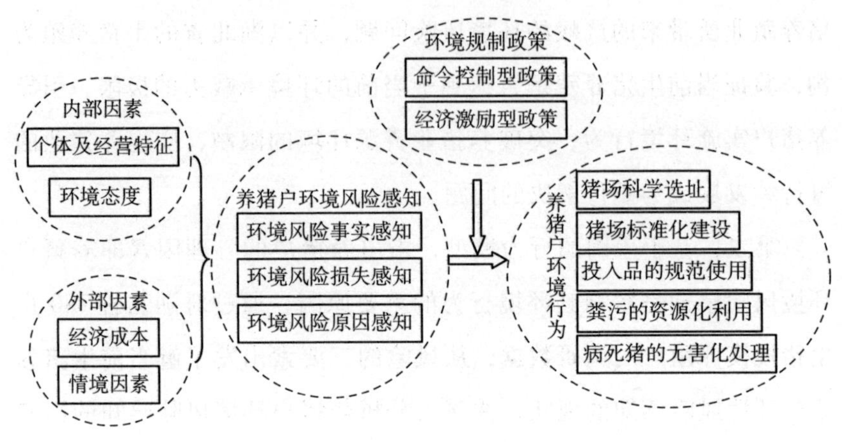

图 2-2 理论框架

2.4 本章小结

本章在参考已有研究成果的基础上，结合个人研究和理解，首先，对本研究中所涉及的一些重要的概念进行了合理的界定；其次，对本研究中所涉及的重要理论基础进行了系统的总结和介绍；最后，结合相关的理论基础和文献，构建了本书的分析框架和理论模型图。

本章的主要研究结论包括：

（1）养猪户环境风险感知主要指的是养猪户对生猪养殖过程造成的周围环境污染的风险事实、风险损失及风险原因的主观感受和看法。本研究中，养猪户环境行为特指养猪户狭义环境行为，是指养猪户所作出的正面的、有利于防范生猪养殖所造成环境污染的行为。养猪业环境规制则指的是我国政府为了克服养猪业环境的外部不经济性，所制定的对养猪户的养殖污染行为进行约束，并对养殖环境行为进行激励的制度和采取的措施。本书中规模养猪户则特指饲养规模在 30 头以上的养猪户（场）。

（2）资源环境的公共产品属性和养猪业环境负外部性问题所导致的市场失灵现象是养猪业环境风险形成的深层原因。而当前我国养猪业的不断规模化和种养分离，对猪场周围土壤、水体和大气均造成极大的污染，有的甚至因猪场污染而引发与周围民众的冲突事件，部分地区养猪业所造成的污染已经达到或超过当地土壤和水体的最大承载程度，极大地加快了温室气体的排放，违背了经济、社会、资源和环境保护协调发展的最终目标。

（3）养猪户环境行为实质上是养猪户对生猪养殖过程中环境风险的一种规避行为，其行为会受到自身心理因素尤其是养猪户对生猪养殖过程导致的环境风险感知的影响。而养猪户的环境风险感知也会受到内外部因素的影响。同时，在感知影响行为的基础上，社会情境因素也会对养猪户环境风险感知—环境行为的关系产生一定的影响。生猪养殖所造成的环境风险作为典型的外部性问题，政府环境规制是影响养猪户环境风险感知—环境行为关系的重要情境变量。因此，本书将选取典型的生猪养殖户样本，在对其进行深度访谈和问卷调查的基础上，了解养猪户环境风险感知的程度，并探寻其影响因素。通过实证分析来验证养猪户环境风险感知对其环境行为的作用机制。最后基于规制政策的多样性，在对养猪业环境规制政策进行分类的基础上，比较不同的环境规制政策对环境风险感知—环境行为关系的调节效应。

第3章

养猪业环境风险现状及特征分析

养猪业的快速发展一方面促进了农业和农村经济的发展，另一方面也给农村环境带来了极大的承载压力。因此，分析当前养猪业的发展现状及其所带来的环境风险，通过对养猪业所带来的土壤、水体和大气承载压力的测算，将有助于把握当前我国养猪业所带来的环境风险特征，为养猪业环境风险的防范提供一定的依据。

3.1 养猪业发展现状与存在的环境风险问题

3.1.1 养猪业发展现状

1. 养猪业成为我国农业和农村经济的支柱产业

改革开放以来，特别是20世纪90年代，我国畜牧业发展迅速，尤其是养猪业呈现出迅速发展势头，已经发展成为农业和农村经济中最具活力的支柱产业。生猪生产发展在增加农民收入、满足城乡居民畜产品需求方面起到了不可替代的作用。2012年末我国生猪存栏47 592.2万头，出栏69 789.5万头，猪肉产量5 342.7万吨，我国成为世界养猪生产和猪肉消费的第一大国（见表3-1）。

表3-1 我国1985~2012年生猪年出栏量、年末存栏量统计

年份	出栏量（万头）	年末存栏量（万头）	产量（万吨）
2012	69 789.5	47 592.2	5 342.7
2011	66 170.3	49 280.0	5 053.1
2010	66 686.4	45 380.0	5 071.2
2005	60 367.4	43 319.1	4 555.3
2000	52 673.3	41 633.6	4 031.4
1995	48 051.0	44 169.2	3 648.4
1990	30 991.0	36 240.8	2 281.1
1985	23 875.2	33 139.6	1 654.7

资料来源：《中国农村统计年鉴》（1981~2013年）。

随着生猪养殖规模的不断扩大，养猪业产值由1985年的419.3亿元增加至2012年的12 435.9亿元，总产值占畜牧业总产值的45.7%，成为我国畜牧业的最重要组成部分。养猪业总产值占农业产值比重也从1985年的11.5%上升为2012年的13.9%，养猪业已经从传统的家庭副业发展成为我国农业和农村经济的支柱产业（见表3-2）。

表3-2　　我国1985~2012年养猪业总产值及养猪业占畜牧业、农业的比重

年份	养猪业总产值（亿元）	畜牧业总产值（亿元）	农林牧渔总产值（亿元）	占畜牧业比重（%）	占农业总产值比重（%）
1985	419.3	798.0	3 619.0	52.5	11.5
1990	1 066.9	1 967.0	7 662.0	54.2	13.9
1995	2 918.7	6 045.0	20 341.0	48.3	14.3
2000	3 628.2	7 393.0	24 916.0	49.6	14.5
2005	6 377.4	13 311.0	39 451.0	47.9	16.1
2010	9 202.0	20 826.0	69 320.0	44.2	13.3
2012	12 435.9	27 189.4	89 453.0	45.7	13.9

资料来源：《中国农村统计年鉴》（1981~2013年）。

2. 生猪养殖区域布局逐步由经济发达地区的东部地区向中西部地区转移

从地域分布来看，长江流域、华北、西南和东北地区生猪产量约占全国总量的80%以上，是我国主要的生猪产区。其中，西南产区是我国传统的生猪产区，这些区域地形上以丘陵山区为主，生猪养殖方式多为散养模式，生猪产量大，调出量小。长江中下游产区作为我国传统生猪产区和粮食产区，这些区域粮食资源丰富，生猪产出总量大，调出量也大。区内人口众多，消费潜力大，市场容量大。东北和华北产区是我国玉米主产区，常规饲料资源丰富，生产成本低，生猪生产的规模化和组织化程度较高。

从地域自身条件看，生猪养殖的主产区一般拥有饲料环境和资源等因素的突出优势，但进入市场经济阶段，生猪养殖的生产布局与农户的收入、市场因素和环境污染有很大的关系（胡浩等，

2005)。除此之外，消费市场潜力、非农就业机会和交通的便利性也对生猪布局变动有显著的影响（张振等，2011)。从宏观角度看，我国生猪养殖呈现出从东部逐渐向中部和西部转移的趋势（胡浩等，2009)，这与中西部地区非农就业机会较少也有很大的关系。对于经济发达地区来说，由于其收入水平较高，消费需求巨大，旺盛的需求也会导致起在生猪布局中逐渐成为猪肉的主产区和主销区。

但是，近年来，一方面随着环境规制的不断增强，另一方面基于资源有限性产业如何有效配置以便创造更大的价值，以及发达地区更多的非农就业机会，使得经济发达地区正在逐步退出生猪产业。生猪养殖的主产区逐渐由经济发达地区向欠发达地区转移，由东部地区向中西部转移（见表3-3)。

表3-3 我国各地区生猪出栏量占全国生猪出栏量比重及排名 单位：%

地区	1990年	排名	1995年	排名	2000年	排名	2005年	排名	2012年	排名
四川	19.71	1	16.19	1	14.42	1	13.76	1	10.27	1
湖南	9.98	2	10.41	2	10.43	2	9.34	2	8.42	2
江苏	6.83	3	5.73	5	5.28	7	4.50	8	4.36	11
山东	6.25	4	6.93	3	6.51	4	6.94	4	6.59	4
广东	5.79	5	4.98	9	5.61	6	5.47	6	5.35	6
湖北	5.53	6	6.20	4	4.59	9	5.19	7	5.99	5
河北	4.50	7	5.01	8	6.15	5	6.82	5	4.87	7
江西	4.24	8	4.92	10	3.54	12	3.39	13	4.37	10
河南	3.82	9	5.44	6	7.46	3	8.42	3	8.18	3
广西	3.43	10	5.05	7	5.22	8	4.28	9	4.79	8
安徽	3.33	11	3.49	11	4.23	10	3.98	11	4.19	12
辽宁	3.57	12	3.04	12	2.51	13	3.48	12	3.90	13
云南	2.90	13	2.85	13	3.86	11	4.14	10	4.56	9

资料来源：《中国农村统计年鉴1991，1996，2001，2006，2013》，经整理所得。

3. 专业化、规模化养殖的比重不断提高

随着生猪养殖生产的快速发展，养猪业规模化的程度不断提高。2003 年我国年出栏量为 1 ~ 99 头的生猪养殖户数量为 10 763.08 万户，3 000 头以上的专业养殖户和养殖企业数量为 4 329 户，而到 2012 年 1 ~ 99 头的养殖户数量下降为 5 362.50 万户，养殖散户的数量下降了 50% 左右（见表 3 – 4）。

表 3 – 4　　我国不同规模养殖户数量变化情况

规模分类（头）	2003 年		2008 年		2012 年	
	场户数（个）	占全部养殖户比重（%）	场户数（个）	占全部养殖户比重（%）	场户数（个）	占全部养殖户比重（%）
1 ~ 99	107 630 812	99.734	81 682 395	99.032	53 625 041	98.030
100 ~ 499	249 016	0.231	633 791	0.768	817 834	1.495
500 ~ 4 999	35 344	0.032	154 686	0.188	244 151	0.446
5 000 ~ 9 999	1 888	0.002	6 916	0.008	11 219	0.021
1 万头以上	941	0.001	2 501	0.001	4 550	0.009

资料来源：《中国畜牧业统计年鉴 2004，2009，2013》，经整理所得。

3.1.2　养猪业所带来的环境风险

随着养猪业的迅速发展及规模化程度不断提高，加上种养分离现象不断严重，生猪养殖过程中产生的大量排泄物及废弃物越来越多，对环境的污染也越来越严重。据测算，每头生猪日排泄粪尿为 5.3kg，一个存栏万头的育肥猪场，日排粪尿、污水量达 100 多 t，相当于 1 个 5 万 ~ 8 万人的城镇生活废弃物量（林孝丽等，2012）。综合之前学者的研究，生猪养殖业所引起的环境污染主要包括：

1. 对水体的污染

生猪养殖对水体的污染主要是由于生猪粪便中含有大量的有机质、氮、磷、钾、硫及致病菌等污染物，排入水体后会使水体溶解氧含量急剧下降、水生生物过度繁殖，从而导致水体富营养化（周铁韬，2009）。不恰当还田施肥还会导致地下水 NO_3-N 浓度增加，导致藻类疯狂成长，消耗水中大量氧气，使得水体污秽（Evants et al.，1984）。生猪粪尿排泄物中的颗粒物还会使得水体浑浊，导致水底缺氧，使得水中生物死亡。

据测算，即使只有10%的畜禽粪便由于堆放或溢满随场地径流进入水体，对流域水体的氮富营养化的贡献率即可达到10%（孟祥海，2014），而在生猪粪污处理过程中，粪便进入水体的流失率在2%以上，而生猪尿液和污水等液体排泄物的流失率高达50%左右（数据来源：2003年中国环境年鉴），势必对水体造成极大的污染。根据第一次全国污染源普查动态数据显示，我国畜禽养猪业粪污排放中COD为1 268.26万吨，主要水污染物排放量中COD和 NH_3-N 的排放量是当年工业源排放量的3.23倍和2.3倍，分别占全国污染物排放总量的45%和25%，畜禽养殖业已经成为我国农村水体污染的主要来源。

2. 对土壤的污染

生猪养殖对土壤的污染主要表现为粪便还田不当所导致的养分过剩和重金属等污染物累积（孟祥海，2014）。生猪粪便中含有作物生长所需的有机质、氮、磷、钾等养分，散养方式下的粪便还田不仅能提高农作物产量，还能起到改良土壤和培肥能力的作用。一般情况下，土壤粪肥的年施氮量应控制在 $180kg/hm^2$，而年施磷量则不能超过 35kg/hm^2（Oenem a O.，Van Liere E.，Plete S.，et al.，2004）。但过度的氮、磷会使得作物出现作徒长、贪青和倒伏，对作物产量产生负面的影响（Choudhary et al.，1996；索东让、王平，2002）。

当前生猪养殖的规模化使得大量的粪便集中堆放，而很多的猪场又缺乏足够的耕地来进行消纳，若在较少的土地上持续施用过多的粪便，这些高浓度的氮会使得土壤中溶解盐不断积累，大量矿物质和营养素的富集，会对土壤植被造成极大的破坏，使得农作物农艺性状变差，从而导致农作物减产、质量下降（周铁韬，2009）。而更多过剩的氮、磷等养分则会通过径流、下渗等方式进入河流、湖泊，进一步造成水体污染（王凯军等，2004；彭里，2005）。

另外，近年来为了追求生猪的生长速度，很多的生猪养殖户会在生猪喂养饲料中添加砷、锌、铜、镉等微量元素，这些饲料中的微量元素很多未经肠道消化就随着生猪粪尿排泄物排出体外，这些重金属的残留直接导致土壤的腐蚀。

3. 对大气的污染

生猪养殖对大气的污染主要表现为：恶臭味及温室气体排放两个方面。未经处理的生猪粪尿等排泄物，在腐败分解的中会产生硫化氢、胺、硫醇、苯酚、挥发性有机酸、吲哚、粪臭素、乙醇、乙醛等上百种有毒有害物质（黄灿、李季，2004；周铁韬，2009），对大气构成污染。另外，生猪饲养阶段和粪便管理阶段直接或间接的 CO_2、CH_4 和 N_2O 排放，也使得畜禽养殖业尤其是养猪业成为我国农业领域最大的 CH_4 排放源，加大温室效应压力（邹晓霞等，2011）。一方面，与其他的产品相比，猪肉等相关产品的生产过程对温室气体的排放贡献更大（Casey & Holden，2005；Lovett et al.，

2006)；另一方面，生猪养殖的扩张也使得更多的森林被砍伐，更多的土地被用来种植大豆、谷物等饲料作物饲养生猪，从而间接增加温室气体排放。

4. 导致人畜患病

生猪粪便中含有大量的寄生虫卵和种类繁多的微生物，这些微生物排入水体会导致流行病的传播。据统计，因畜禽传染所导致的人畜共患传染病大约有90多种，其中通过生猪传染给人的传染病就有25种（司晓磊，2010）。如果不能及时对生猪粪便进行消毒和灭菌，就会导致病原微生物和寄生虫的大量繁殖（张海龙，2004；朱冬亚等，2004)，产生结合菌、伤寒沙门氏菌、布氏杆菌、猪丹毒杆菌、巴氏杆菌、化脓性球菌、猪瘟病毒，引发生猪疫情，从而直接或间接地危害人类的健康（岳丹萍，2008）。另外，由于很多猪场及生猪养殖户对死猪的随意丢弃或不进行无害化处理，生猪腐烂也会发出恶臭，污染环境，甚至造成疾病的传播（田允波，2006；徐伟朴等，2004）。

5. 产生食品安全风险

食品安全风险主要是指生猪养殖过程中饲料添加剂中的重金属超标和兽药的不当使用所导致的食品安全风险。饲料添加剂和预混剂在生猪养殖业中的广泛施用，导致生猪粪便中重金属、兽药残留和有害菌等有害污染物增加，引起农田土壤的健康功能降低，生态环境风险增加，并对食品安全构成威胁（张树清等，2005）。其中饲料添加剂中所含的大量砷、锌、铜、镉等微量元素很多未经生猪肠道消化完全，直接残留在生猪体内，这些猪肉产品会对食品安全和猪肉食用者的健康构成威胁。而兽药的不当使用主要指的是生猪养殖户使用违禁药物、超量使用低毒或安全兽药以及防疫用药、不遵守安全休药期等行为，从而导致兽药在猪肉产品中的残留，引发食品安全事件。

3.2 养猪业所带来的环境承载风险分析——以湖北省为例

湖北省作为我国的传统养猪大省，从1990年起生猪出栏量一直位列于全国的前列。2012年湖北省的生猪出栏量创造历史新高，达到4 180.84万头，占全国生猪总出栏量的5.99%，全国排名第5位，实现全省农村人口人均1头猪。在生猪养殖的规模化程度上，2012年湖北省出栏量在500头以上的猪场有15 378处，万头以上猪场达到571个，位居全国第一位。2012年湖北省还新增国家生猪调出大县11个，国家生猪调出大县总数达到44个[①]。生猪规模养殖比重达到74%，远高于全国平均水平。

湖北省省内湖泊众多，总面积达到3 000多平方公里，素有“千湖之省”的美誉，导致湖北省养猪业所导致的水污染情况更为突出。根据《湖北省第一次污染源动态调查更新技术报告》的结果显示，湖北省全省农村地区主要污染物氨氮、化学需氧量、总氮和总磷的产量分别为34.87万吨、132.10万吨、83.06万吨和16.98万吨，而畜禽产生的氨氮、化学需氧量、总氮和总磷的产量分别为17.04、85.22、42.78和11.59万吨，畜禽养猪业的污染负荷占全省农村地区污染源近60%的份额，成为湖北省农村环境污染的主要

① 资料来源于2013年《中国畜牧业统计年鉴》。

来源。因此，湖北省的养猪业所造成的环境风险成为我国养猪业环境风险的一个很好缩影，具有一定的典型性。因此，本章将以湖北省养猪业为例，通过测算其环境承载状况，进一步验证当前养猪业给周围环境所带来的严峻的土壤、水体和大气环境风险。

3.2.1 养猪业所带来的土壤环境总负荷

根据环境承载力理论，生态承载力大体可以分为土地资源承载力、水资源承载力等类型。根据之前学者的研究，生猪粪便对土壤的污染主要表现为氮磷排放的影响。本节将在环境承载力理论基础上，运用土壤和水体环境对养猪业氮磷排放的承载能力衡量养猪业氮、磷排放对土壤和水体环境的污染程度。首先，本章将选取湖北省生猪养殖的相关数据，测算出湖北省当前的生猪粪便所造成的污染负荷。农业生产系统中氮、磷平衡状态，是决定作物产量、土壤肥力以及对农业环境影响的重要因素（陈敏鹏、陈吉宁，2007），因此在对生猪粪便污染负荷估算的基础上，本节还将对生猪粪便所造成的氮、磷环境负荷进行评估。

1. 研究方法与数据来源

本节中的数据主要来源于《湖北省统计年鉴》（2001 ~ 2013年）的统计数据。所谓土壤氮磷承载风险是指在一定的时期内，某区域可承载土壤中氮磷养分投入量超出或者是逼近该地区粪肥年施氮（磷）限量标准（李贵美等，2011）。计算土壤的氮磷承载负荷的步骤为：首先，计算出当地畜禽粪便的产生量及氮、磷含量；其次，将其他的畜禽粪便转换成猪粪当量；最后将畜禽粪便的猪粪当量的耕地面积除以农田有机肥理论最大适宜施肥量（一般为 $30t.hm^{-2}$）（朱建春，2014）。

（1）畜禽粪便的产生量及氮、磷含量。

当前对畜禽粪便的产生量的计算方法，通常分为两种：一种是将畜禽的年末存栏量视为一个相对稳定的饲养量，计算方法为：畜禽年粪便量 = 存栏量 × 日排泄系数（$kg.d^{-1}$）× 365(d)（张绪美等，2007）；另一种本书中采用的畜禽粪便量的计算公式为：畜禽年粪便量 = 年出栏量 × 日排泄系数（$kg.d^{-1}$）× 饲养周期（d）（许俊香等，2005）。

综合相关畜牧专家的意见及相关研究的基础上，本节中主要是采取第二种方法来计算畜禽粪便量。在畜禽养殖数量的选择上，主要是根据畜禽的养殖用途来确定选择存栏量还是出栏量参与计算（朱建春等，2014）。因而本节最终采纳的公式为：

畜禽粪便量 =（畜禽出栏量或年末存量）× 日排泄系数 × 饲养周期

本节根据国家环保总局公布的畜禽饲养周期数据的基础上，结合调研访谈的结果，最终确定各类畜禽饲养周期及其出栏存量的取舍情况为：猪的饲养周期为 199 天，数量取其出栏量；奶牛、肉牛、役用牛、羊和马的饲养周期为 365 天，取年末存栏量；禽类采用的是出栏量，生长周期为 210 天。本节所采用的畜禽排泄系数及氮磷含量系数见表 3 – 5。

表 3 – 5　　畜禽排泄系数及氮磷含量系数

编号	畜禽种类	单位饲养周期粪便排泄量（t/a）	总氮含量（%）	总磷含量（%）
1	猪	1.0547	0.238	0.074
2	役用牛	10.1	0.351	0.082

续表

编号	畜禽种类	单位饲养周期粪便排泄量（t/a）	总氮含量（%）	总磷含量（%）
3	肉牛	7.7	0.351	0.082
4	奶牛	19.4	0.351	0.082
5	马	5.9	0.378	0.077
6	驴	5.0	0.378	0.077
7	羊	0.87	1.014	0.220
8	禽类	0.032	1.250	0.940

注：数据 1 ~ 6 来自文献（王方浩等，2006），数据 7 ~ 8 来自文献（李飞、董锁成，2011）。

根据以上方法，测算出湖北省 2012 年畜禽粪便粪尿总量和氮磷总量的结果，见表 3 - 6。

表 3 - 6　　湖北省 2012 年畜禽粪便粪尿总量和氮磷总量

畜禽种类	粪尿量（万吨 t/a）	总氮量（万 t/a）	总磷量（万 t/a）
猪	4 083.16	9.72	3.02
役用牛	1 219.63	4.28	1.00
奶牛	175.65	0.62	0.14
肉牛	1 468.31	5.15	1.20
马	4.49	0.02	0.01
羊	367.14	3.72	0.81
家禽	1 468.32	18.35	13.80

注：由于湖北地区的历史和自然原因，驴的饲养数量非常少，全省的数量维持在 3 000 头左右，对环境的影响太小，因此将其对环境影响忽略不计。

从全省的范围来看，无论是从畜禽的粪尿量还是总氮量和总磷量，生猪都是居于首位，对环境的影响是最大的。生猪的养殖量大，饲养周期长，家禽虽然饲养量也很大，但是由于日排放量较小，所以排放量低于生猪和牛。各类畜禽粪尿总量占比情况见图3－1。

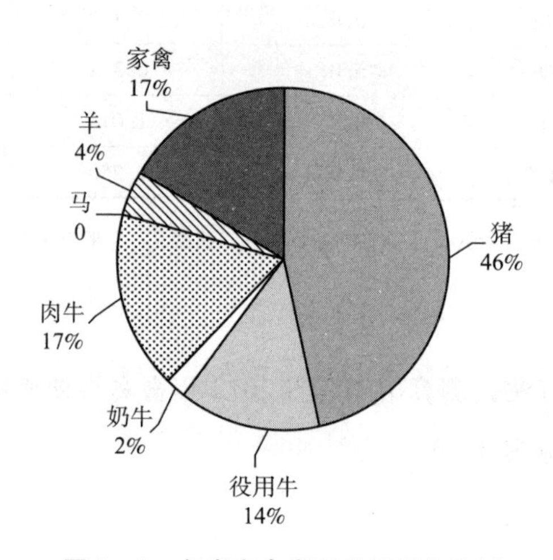

图3－1　各类畜禽粪尿总量所占比例

为便于对畜禽粪便耕地污染的控制，国家环保部生态司建议，由于农户对猪粪的农田施用量较容易掌握，因而建议将畜禽的粪便量换算为猪粪当量，再计算其耕地负荷（$t.hm^{-2}$）。因此畜禽粪便土地承载程度的算法为将畜禽粪便猪粪当量的耕地负荷除以农田有机肥理论最大适宜施肥量（一般为30$t.hm^{-2}$）（张玉珍等，2003），其比值即为区域畜禽粪便负荷量承受程度的警报值R，当R值分别为小于0.4，0.4～0.7，0.7～1.0，1.0～1.5，1.5～2.5和大于2.5时，说明畜禽粪便对环境的影响为“无”“稍有”“有”“较严重”“严重”“很严重”（张绪美等，2007）。

其中，猪粪当量采用的公式为：

猪粪当量 = 当年各类畜禽粪尿排泄量(t) × 换算系数 ×1 000

畜禽粪便土地负荷承载程度 = 猪粪当量负荷/3 030t. hm^{-2}

畜禽粪尿排泄系数见表 3 –7。

表 3 –7　　畜禽粪尿排泄系数

种类	猪	牛	羊	马	家禽
系数	0.75	0.96	1.23	1.33	2.10

资料来源：文献（朱建春等，2014）。

（2）畜禽粪便土地负荷承载程度结果分析。

根据区域畜禽粪便的负荷量承受估算公式，估算出湖北省各区域的畜禽粪便负荷量承受程度如表 3 –8 所示。

表 3 –8　　2012 年湖北省各地区畜禽粪便土地负荷承载程度

区域	猪粪当量（万吨）	畜禽粪便负荷量承受程度（R 值）	对环境的影响
湖北省	93 524.65	0.79	有一定影响
武汉市	664.37	1.50	较严重
黄石市	487.15	1.30	较严重
十堰市	577.19	1.00	有一定影响
荆州市	955.88	0.48	稍有影响
宜昌市	944.53	0.99	有一定影响
襄阳市	1 907.93	1.39	较严重
鄂州市	212.69	1.70	严重
孝感市	1 526.21	1.67	严重

续表

区域	猪粪当量（万吨）	畜禽粪便负荷量承受程度（R值）	对环境的影响
荆门市	882.12	1.10	较严重
随州市	751.49	1.30	严重
黄冈市	1 444.438	1.36	严重
咸宁市	572.68	0.93	有一定影响
恩施市	801.51	0.85	有一定影响
仙桃市	181.70	0.64	稍有影响
天门市	206.21	0.62	稍有影响
潜江市	230.03	1.10	较严重
神农架林区	13.74	0.66	稍有影响

从表3-8中可以出现，湖北省现有鄂州、黄冈、孝感和随州4个地区畜禽土地承载程度均出现很大的压力，畜禽污染对土壤环境的影响严重，达到了5级预警标准；武汉市、黄石市、襄阳市、荆门市、潜江5个地区畜禽土地承载程度均出现较大的压力，达到了4级预警标准，只有仙桃市、天门市和神农架林区的畜禽土地承载压力较小，维持在2级预警标准。而这些畜禽土壤环境压力较大的地区的生猪养殖量均位于全省的前列，相对的耕地面积并不富足，从而导致生猪养殖对土壤的承载压力达到警戒线，必须引起重视，并进行进一步的处理。

(3) 畜禽粪便的土壤氮磷负荷。

当前的研究（王方浩等，2006；朱建春等，2014）表明，土壤的氮磷负荷能更准确地反映出土壤的环境污染状况。因此，在对土壤负荷量承受程度测算的基础上，本节还将就养猪业所带来的土壤氮磷负荷进行进一步估算。由于我国是全球最大的化肥使用国家，化肥使用量占全球总量的35%①，为了追求产量和效率，化肥使用也成为土壤氮磷超标的主要因素之一。因此，本节在计算氮磷负荷的环境负荷，为了达到了测算数据的相对准确度，将湖北省各区域的化肥使用量中的氮、磷总量也计算进氮磷的总量中。

本节所采用的畜禽粪便氮、磷的环境负荷的计算公式为：

畜禽粪便氮(磷)的环境负荷 =(畜禽粪便氮(磷)含量 + 使用的化肥氮(磷)含量)/耕地面积

根据国外学者已有的研究，朱兆良等（2000）认为，大面积化肥年施氮（N）量应控制在150 - 180kg/hm²，超过这一水平就会引起环境污染。欧盟的农业政策则规定，粪肥年施氮（N）量应控制在170kg/hm²，超过这个极限值将会带来硝酸盐的淋洗；而磷的单位耕地面积负荷的纯磷养分量则为35kg/hm²（王方浩，2006）。经过测算，湖北省各地区的氮、磷单位负荷数据如表3 - 9所示。

表3 - 9　2012年湖北省各地区畜禽粪便中氮素、磷素的单位负荷

区域	氮（N）素单位负荷（kg/hm²）	是否超标	磷（P）素单位负荷（kg/hm²）	是否超标
湖北省	205.79	超标	50.88	超标
武汉市	191.14	超标	36.45	超标
黄石市	181.33	超标	70.39	超标
十堰市	226.43	超标	72.66	超标
荆州市	164.30	未超标	34.23	未超标
宜昌市	173.17	超标	55.66	超标

① 资料来源：中国化肥网，http：//www.fert.cn/news/2015/10/28/201510281134151834.shtml。

续表

区域	氮（N）素单位负荷（kg/hm²）	是否超标	磷（P）素单位负荷（kg/hm²）	是否超标
襄阳市	185.33	超标	83.20	超标
鄂州市	231.99	超标	141.79	超标
孝感市	240.21	超标	127.90	超标
荆门市	194.08	超标	60.49	超标
随州市	158.60	未超标	55.70	超标
黄冈市	212.49	超标	69.00	超标
咸宁市	178.29	超标	46.16	超标
恩施市	179.17	超标	33.69	未超标
仙桃市	220.64	超标	32.17	未超标
天门市	152.17	未超标	31.66	未超标
潜江市	202.41	超标	34.58	未超标
神农架林区	145.92	未超标	30.27	未超标

注：本书中所采用的年施氮（N）量的标准为170kg/hm²。

（4）氮磷负荷研究结果与特征分析。

第一，湖北省的土壤氮素单位负荷已经严重超标，养猪业给湖北地区的土壤带来了严重的氮污染。

整个湖北省有13个地区的氮素单位负荷超标，尤其以黄冈、鄂州、十堰、襄阳等地区最为严重，生猪养殖量大且相对耕地面积较小是这些地区氮素负荷超标最主要的原因。只有荆州、天门、随州和神农架4个地区氮素的单位负荷未超标，更重要的是这些地区的相对耕地面积较大，生猪养殖量相对较少。

第二，湖北省的土壤磷素单位负荷较之氮素单位负荷区域分布略少，但总体而言，磷素污染形势也不容乐观。

在土壤的磷素单位负荷超标区域分布上，湖北省整体的磷素负荷处于超标状况，17 个地区中有 11 个地区的磷素负荷超标，其中尤以鄂州市和孝感市的磷素单位负荷超标最为严重，分别超过标准值 35kg/hm^2 的 4 倍和 3.5 倍，只有荆州、恩施、仙桃、天门、潜江和神农架林区 6 个地区的土壤磷素负荷未超标。

3.2.2 水环境承载压力

1. 研究方法与数据来源

水环境承载压力是指在一定的时期内，既定水质环境标准下，某区域畜禽粪便进入水体后所需用于稀释污染物的地表水资源总量与该区域可用于稀释污染物的地表水资源总量的比值（孟祥海，2014）。水体是农业污染物的重要接纳体，其中畜禽养殖污染率占到 40% ~50% 。水环境承载压力也是养猪业所造成的环境承载压力的重要组成部分之一。根据统计，在湖北省的畜牧业中，生猪所排放出的 COD 排放占到所有畜禽的 41. 59% ，TP 排放量占到所有畜禽的 40. 51% ，TN 排放占 37. 59% ，BOD_5 占到 46. 02% ，NH_4^+ – N 排放占到 52. 33% 。养猪业在整个畜禽的水环境污染中占到至少一半的比例。因此，本节中通过测算湖北省整个畜禽业对水环境所造成的承载压力也在一定程度上反映出湖北省养猪业所带来的水体污染。

结合国内已有研究（张唯理等，2004，张绪美等，2007，王立刚等，2011，孟祥海，2014）对于畜禽粪便对水域所带来的环境污染的测算方法，本章所采用的方法是根据畜禽粪便中流入水体的各类污染物总量，用各类污染物的入水量除以既定环境标准下该类污染物的上限值，从而把各类污染物的排放量转化为既定水环境标准下稀释该类污染物所需的地表水资源量，各类污染物所需要的地表水资源总量的最大值即为承载畜禽所需要的地表水资源量（孟祥海，2014）。因此，湖北省各地区畜禽水环境承载压力的计算公式为：

$$W = L_{required} \div L_{water}$$

其中，W 表示区域水环境承载压力指数；$L_{required}$表示既定水环境标准下系数畜禽粪便所需要的地表水资源量，而 L_{water}则表示各地区的地表水资源总量。其中地表水环境质量标准参照《地面水环境质量标准》（GB3838—2002）Ⅲ类标准，具体指标如表3－10所示。

表 3－10　　地面水环境质量标准

COD	TP	TN	BOD_5	$NH_4^+ - N$
20mg/L	0. 2mg/L	1mg/L	4mg/L	1mg/L

而既定水环境标准下系数畜禽粪便所需要的地表水资源量等于畜禽粪便排入水体中的所有污染物含量与既定水环境标准下的所有污染物含量的比例。

即若 W >1，则排入水体的畜禽粪便超出了本区域的地表水资源的承载能力；若 W <1 或 W =1，则指的是排入水体中的畜禽粪便未超出区域地表水资源的承载能力，畜禽粪便对水体不造成污染。

其中，畜禽的粪便排泄量的计算方法同上一节，畜禽的粪便排泄量 = 畜禽日排泄系数 × 生产周期。畜禽的生产周期同上一节，依然采用的是牛、羊为 365 天，猪为 199 天，家禽则为 210 天。考虑到湖北省畜禽养殖的实际情况，大牲畜的养殖较少，仅羊的饲养规模略大，因而在本节中仅考虑了羊对水体所造成的污染。同时，由于当前猪场、牛场和养羊场的粪污都会在进行固液分离后，对养殖场用水进行冲洗，因而在考虑猪、牛、羊的排泄系数时将猪粪、猪尿分开，羊粪、羊尿，牛粪和牛尿分别分开进行计算。而家禽的粪污基本上采用的是干清粪技术，因而对禽粪和禽尿未进行分开。其中，畜禽的日排泄系数及畜禽污染物含量分别见表 3 – 11 和表 3 – 12。

表 3 – 11　　畜禽的日排泄系数　　单位：kg. d – 1

牛粪	牛尿	猪粪	猪尿	羊粪	羊尿	鸡粪
28.07	2.65	2.65	3.60	1.60	0.70	0.11

资料来源：原国家环境保护总局文件（环发［2004］43 号）。

表 3 – 12　　畜禽粪便污染物含量　　单位：千克/吨

编号	类别	COD	TP	TN	BOD5	NH_4^+ – N
1	猪粪	52.00	3.41	5.88	57.03	3.08
2	猪尿	9.00	0.52	3.30	5.00	1.43
3	牛粪	31.00	1.18	4.37	25.53	1.71
4	牛尿	6.00	0.40	8.00	4.00	3.47
5	羊粪	4.60	2.60	7.50	4.10	0.80
6	禽粪	45.70	5.80	10.40	38.90	2.80

资料来源：原国家环境保护总局文件（环发［2004］43 号）。

在对湖北省地表水资源量进行查阅的基础上，通过测算，湖北省各地区的畜禽水环境承载压力值如表 3-13 所示。

表 3-13　2013 年湖北省各地区畜禽水环境承载压力值

行政区	地表水资源量（亿立方米）	W 值	超标情况
湖北省	783.77	2.37	超标
武汉市	40.94	3.23	超标
黄石市	36.09	1.63	超标
襄阳市	36.17	9.37	严重超标
十堰市	66.62	1.66	超标
荆州市	65.49	2.65	超标
宜昌市	91.65	1.98	超标
鄂州市	9.05	4.35	较严重超标
荆门市	18.91	7.88	严重超标
孝感市	18.62	12.98	严重超标
黄冈市	84.7	3.09	超标
咸宁市	101.57	0.95	未超标
随州市	8.48	14.57	严重超标
恩施自治州	168.73	0.97	未超标
仙桃市	9.13	3.99	超标
天门市	6.76	5.67	较严重超标
潜江市	6.67	4.68	较严重超标
神农架林区	14.19	0.19	未超标

注：地表水资源量的数据来源于人民网，《湖北省 2012 年水资源公报》，http://hb.people.com.cn/n/2014/0103/c358850-20298638-2.html。

2. 水污染承载结果分析

根据养猪业水体污染承载测算结果，可以得出以下结论：

湖北省的水环境承载面临着较严重的超载现象，水环境超载已经成为当前养猪业的首要环境约束。相较于土壤污染，水体污染的范围更广，且污染程度更严重。根据测算，湖北省的水环境承载整体来说面临着超载的现象。但是各地的水环境承载压力呈现出不同的特征，整个湖北省只有咸宁市、恩施自治州和神农架林区三个地区的水环境承载未超标，但是咸宁和恩施均接近超标的临界点；湖北省水环境承载压力最大的区域为随州市和孝感市，分别超载14倍和12倍；其次是襄阳市、荆门市和鄂州市，其他的地区也存在着2~9倍不同的超载。

3.2.3　养猪业的温室气体排放

养猪业的规模不断扩大，由畜禽粪便等废弃物处置不当而产生的温室气体也成为重要的碳源，从而导致了气候不断变暖。根据联合国粮农组织的报告数据显示，每年由牲畜和家禽所排放的温室气体的二氧化碳当量占到全球排放总量的18%。本节将通过选取2003~2012年湖北省养猪业的碳排放进行测算，计算出养猪业在湖北省10年内发展变化以及在畜禽碳排放所占的比例，总结出湖北省养猪业对大气环境所造成影响的特征。

1. 养猪业碳排放量测算方法

根据之前相关学者的研究（曹丽红等，2015），畜禽养殖中甲烷 CH_4 和氧化二氮 N_2O 是畜禽温室气体的主要来源，甲烷 CH_4 排放主要来自于动物肠道发酵，排泄物处理则主要产生 CH_4 和 N_2O。本节将会选择生猪养殖过程中肠道发酵和排泄物处理过程中 CH_4 和

N_2O 的排放量进行测算。本节主要参考 IPCC 所公布的温室气体排放系数法来测算出养猪业的碳排放量。

具体的计算方法为：

肠道发酵过程 CH_4 的排放量 $E_1 = \pi_i \times N$

排泄物处理过程 CH_4 的排放量 $E_2 = \pi_i \times N$

排泄物处理过程 N_2O 的排放量 $E_3 = N \times \pi_i \times Nex \times 44/28$

其中，为各类碳源的碳排放系数。其中，肠道发酵中 CH_4 的排放系数为 1.0kg/头/年，排泄过程中 CH_4 的排放系数为 4.0kg/头/年，排泄过程中 N_2O 的排泄系数为 0.53kg/头/年。

因此，养猪业碳排放总量 $E = E_1 + E_2 + E_3$。因此，本节中将依据此种计算方法来对湖北省养猪业的碳排放进行测算。

2. 养猪业碳排放量测算结果及特征分析

本节中的生猪数量采用的是生猪的年末存栏量，相关的数据来源于 2004 ~2013 年《湖北省农村统计年鉴》。具体的湖北省养猪业碳排放测算结果及占畜牧业的温室气体排放的比例如表 3 - 14 所示。

表 3 - 14　　湖北省养猪业碳排放测算结果及占畜牧业温室气体排放比例

年份	碳排放量（万吨）	所占比例（%）
2003	16 721.06	31.22
2004	17 407.56	31.13
2005	18 498.85	30.47
2006	18 871.29	30.56
2007	17 317.75	27.32
2008	19 345.60	29.87

续表

年份	碳排放量（万吨）	所占比例（%）
2009	20 657. 26	30. 21
2010	21 165. 52	31. 56
2011	21 408. 84	31. 33
2012	23 119. 82	32. 35

（1）从 3 - 14 表中可以看出，除了个别年份由于生猪市场行情的原因导致养殖量受到一定影响外，其余年份湖北省养猪业的碳排放整体呈现出逐年上升的趋势，十年内上升的比例达到 39. 2%。

（2）湖北省养猪业在整个畜牧业碳排放总量中十年内所占的比例相对平稳，所占的比例约为 1/3，成为畜牧业碳排放气体的重要来源。

3.3　本章小结

（1）改革开放以来，我国养猪产业发展迅速，成为世界养猪生产第一大国。养猪业也从传统的家庭副业发展成为农业和农村经济发展中的支柱产业。近年来我国生猪养殖区域布局逐渐发生改变，由经济发达的地区逐渐向中西部地区转移，养殖的规模化程度也在不断提高。但是养猪业也成为农村环境面源的主要来源之一，给土壤、水体和大气带来的严重的污染。

（2）本章选取养猪大省——湖北省为例，运用环境承载力理论测算了湖北省养猪业对土壤、水体所造成的环境承载压力，并对湖北省养猪业的碳排放状况进行了测算，以此来观测养猪业对湖北省环境所造成的巨大风险。实证研究表明：①湖北省养猪业的土壤环境污染形势严峻，湖北省大部分区域的畜禽粪便土壤负荷量达到预警标准，考虑到化肥使用的情况下，畜禽粪便的土壤氮素总体超标，从区域来看，全省 17 个市超标地区达到 13 个市。畜禽粪便的土壤磷素总体也处于超标状态，全省 17 个市有 11 个市的氮素平均负荷超出警戒值。②湖北省的水体承载压力也处于超标状况，相较于土壤污染，水体污染现象更为严重。部分地区的水环境承载压力超标 15 倍，水环境超载已经成为成为当前养猪业的首要环境约束；③湖北省养猪业的碳排放整体呈现出逐年上升的趋势，十年内上升的比例达到 39. 2% 。湖北省养猪业在整个畜牧业碳排放总量所占的比例约为 1/3，成为畜牧业碳排放气体的重要来源。

第4章

规模养猪户环境风险感知现状及影响因素分析

环境风险感知作为养猪户对生猪养殖所造成周围环境影响的心理感受，是养猪户环境行为背后隐藏的重要心理因素。在当前养猪业给周围环境带来严重的土壤、水体和大气风险的背景下，了解养猪户的环境风险感知现状并找出影响其环境风险感知的内外部因素，能为政府针对性地提出干预对策提高养猪户环境风险感知和环境意识提供一定的理论依据和实践参考。

4.1 养猪户环境风险感知结构维度的理论构架

养猪户环境风险感知一定程度上是养猪户对风险的识别过程，而根据风险管理理论，识别风险就是查找和描述风险事故、风险因素、风险损失的过程（张月鸿，1993）。因此，结合养猪户的特点及风险管理理论，在本研究中，将养猪户环境风险感知定义为“养猪户对生猪养殖这一人类活动对周围环境所造成的风险事件、具体的风险原因以及产生损失的主观感受和判断。”其中，查找和描述风险事件侧重于风险的客观认识，而对风险损失、风险因素的认识则更侧重于风险的主观评估与判断。此定义表明，养猪户环境风险感知既包括要重视养猪对周围环境所造成客观存在的风险，也要重视个人或群体在认知客观风险中的主观意识。

风险事故又称为风险事实，指的是造成损失或后果的偶发事件或意外事件（刘钧，2009）。考虑到生猪养殖对自然生态环境所造成影响的复杂性和差异性，在本研究中，养猪业环境风险事件指的是因养猪对环境所造成的风险事实及趋势，即养猪户对于生猪养殖过程对农村环境包括土壤、水体、大气等造成环境影响的大趋势及事实的认知状况，而不是某一个地方或某一次养猪所带来的环境污染的认知状况。

风险因素是指引起或增加风险事故发生的因素或原因。养猪业风险因素主要反映的是引起养猪业造成严重污染的缘由。养猪户风险因素认知指的是养猪户对养猪业所造成污染具体原因的认知状况。

养猪业风险损失是指生猪养殖给周围环境所带来风险后的个体经济或社会等方面的利益损失。在本研究中，养猪户风险损失的感知则是集中讨论养猪户因生猪养殖污染而导致的罚款、社会冲突等多方面损失的感知。因此，本研究中构建养猪户环境风险感知的结构维度的理论框架为（见图4－1）：

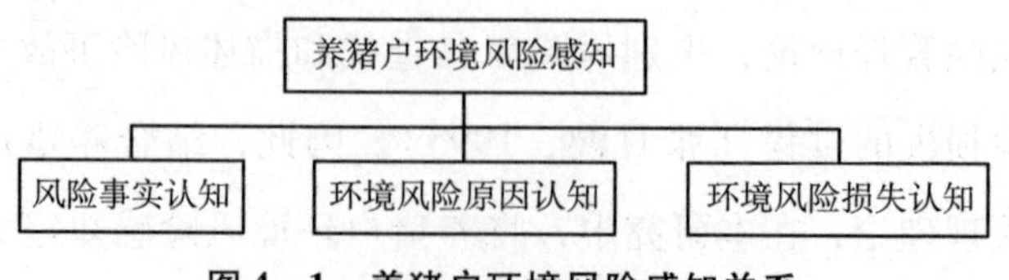

图4－1　养猪户环境风险感知关系

在构建了养猪户环境风险感知结构维度的理论构架后，本研究将在下节中对其进行实证分析与检验。

4.2　养猪户环境风险感知量表设计

4.2.1　量表编制与预检验

风险感知测量的第一个概念模型由（Cunningham）于1967年提出的，主要是通过顺序尺度，以直接询问的方式询问受访者关于每一种风险发生的可能性和损失的严重性的感受，然后将二者值进行相乘，得出风险值。这一理论在以后的40年也得到了的进一步发展，（Perry & Harem，1969）提出使用区间尺度来进行风险的测量，（Spence）则主张采用直接询问的方式进行衡量，（Peter & Tarpey，1975）则提出在将风险发生的概率与风险严重性相乘后，再将所有的风险进行相加，从而得出风险总体感知值，（Peter & Tarpey）的这一测量方式在当前的风险感知研究中应用最为广泛。

风险感知的第二种测量方法主要是直接询问公众，使用区间尺度来测量风险感知的大小。本书也主要是采用区间尺度的方式，将养猪户环境风险感知测量量表设计成里克特5点量表的形式。根据从文献整理出来的风险感知测量维度，结合养猪业的特点和现实情况，本书主要是从养猪业所带来的环境风险事件、环境风险原因以及所造成的环境风险后果3个方面罗列了13项养猪户可能产生的感知，由被调查者根据自己的感知情况在“非常同意”“一般同意”

“一般”“比较不同意”“非常不同意”间进行选择，并依次按照同意程度将其赋值为“5”“4”“3”“2”“1”。分值越高，代表养猪户的风险感知程度越高，反之，则越低。

1. 访谈研究

为了获得有效的调查问卷，我们根据从文献整理出来的测量项目，结合本文的研究对象和研究内容，设计了针对养猪户环境风险感知的访谈提纲，帮助更充分地了解养猪户环境风险感知结构维度。由于以往缺乏成熟的量表，我们需要借助探索性手段来对测量条目进行确认。本研究采用了半结构化访谈方式，对包括养猪专业户、养猪企业的管理人员、饲料经销商、猪场周围的民众、地方环保局工作人员以及畜牧管理人员等40人进行了有关养猪户环境感知的访谈研究。访谈主要是围绕着三个方面的问题进行：①你认为养猪对周围的环境造成哪些风险事实和趋势？②导致这些风险事实发生的原因是什么？③养猪对周围环境形成了风险的哪些具体后果？访谈前我们对“环境风险”进行了定义，采用笔记形式记录，访谈时间控制在30分钟以内。

访谈结束后，我们对访谈记录进行了整理，整理出频率超过50%的项目，得到的结果如表4－1所示。受访者回答问题的内容也验证了养猪户的环境风险感知概念不是单一维度的（见表4－1）。

表4－1　环境风险感知访谈结果

项目序号	环境风险感知	频数	频率（%）	维度		
				风险事件	风险原因	风险后果
1	猪场因为污染而被罚款	24	60			※
2	周围的民众因猪场污染而苦不堪言有的地方甚至发生冲突事件	24	60			※

续表

项目序号	环境风险感知	频数	频率（%）	维度		
				风险事件	风险原因	风险后果
3	养猪业污染加剧疾病的传播	28	70			※
4	过量粪污导致农作物减产、质量下降	30	75	※		
5	养殖粪污排放导致水体富营养化，使得水域生态系统失衡造成水源污染	32	80	※		
6	养猪产生大量的恶臭味，污染空气	36	90	※		
7	生猪胃肠发酵以及粪污处理过程中产生的 CH_4 和 N_2O，加大温室气体排放压力	24	60	※		
8	污水未能进行无害化处理	24	60		※	
9	猪场建设前未能进行科学选址和猪舍的合理设计	24	60		※	
10	粪污未能进行有效的无害化处理和资源化利用	28	70		※	
11	未能建立粪污的无害化处理设施	28	70		※	
12	对生猪投入品不能严格合理使用	36	90		※	
13	对病死猪随意丢弃，未能进行无害化处理	20	50		※	

注：※代表对风险维度进行的归类。

鉴于以上访谈结果，结合之前的文献与研究，本研究最终确定通过养猪环境风险事实、环境风险原因和环境风险损失这三个维度来对养猪户环境风险感知程度进行测量。

2. 量表的设计与预调研

在结合访谈结果和文献研究的基础上，本节确立通过环境风险事件、环境风险原因和环境风险后果3个维度13个项目来进行养猪户环境风险感知的测量。在初步的问卷设计完成之后，我们先后在邀请同门博士生、同专业老师以及畜牧业环境管理人员、畜牧环境研究的教授和学者对问卷测量项目的清晰度和有效性进行评审。在充分采纳他们的建议后，将原始指标进一步精炼并力求做到与变量各个维度的测量项目配对。

为了检验量表的质量，我们于2014年5～7月间，通过面谈或邮件的形式进行了预调查。调查对象涉及养猪专业户、养猪企业管理人员以及猪场具体养殖人员共50人，共回收有效问卷48份，回收率为96%。小样本的信息见表4－2。

表4－2　　预调研的样本信息

项目	类别	人数	比例（%）
性别	男	40	83.3
	女	8	16.7
年龄	30岁以下	4	8.3
	30～39岁	10	20.8
	40～49岁	20	41.7
	50岁以上	14	29.2
类别	养猪兼业户	8	16.7
	中小型养猪专业户	22	45.8
	大型养猪企业管理人员	10	20.8
	大型猪场养殖人员	8	16.7

续表

项目	类别	人数	比例（%）
学历	小学及以下	6	12.5
	初中	12	25.0
	高中	22	45.8
	大专及以上	8	16.7
养猪年限	1～5年	4	8.3
	6～10年	18	37.5
	11～20年	16	33.3
	20年以上	10	20.8

预调研结束后，我们通过SPSS19.0软件对小样本进行统计与分析，检验问卷的一致性与有效性。具体的处理方法包括：①使用纠正条款的总相关系数（CITC）对测量条款进行净化，避免产生多维度现象，CITC指数若低于0.4，一般应删除条款（Churchill，1979）；②运用Cronbach's α系数来检验测量条款的信度，信度主要表现为检验结果的一致性和稳定性，主要用来评价测量项目的可信性。一般来说，各个测量项目的Cronbach's α系数大于0.7为高信度，低于0.35则应予以拒绝（Cuilford，1965）。而对于探索性量表，Cronbach's α应该要达到0.6（Nunally，1978），才算是通过信度检验；③通过探索性因子分析考察不同维度测量项目的相关性。

预调研分析的结果是，我们预调研前所确定的测量条款的CITC系数均高于0.4，Cronbach's α系数均高于0.7，13个测量项目均得以保留。虽然有些数据的质量还不是很高，但由于样本量较小，我们认为在大规模的数据调查中，这些指标可能会得到改善。

4.2.2 正式调查及结果分析

在预调查的基础上，我们于2014年7~8月在湖北省内展开大样本问卷调查研究过程，主要的调研地点为湖北省仙桃市、荆州市、武汉市江夏区、咸宁市以及大悟县、恩施自治州。调研地选择的原因主要基于：①我国的养猪业的分布现状，湖北省作为我国养猪大省，2012年全省生猪出栏占到全国生猪出栏的5.99%（中国农村统计年鉴，2012），在全国养猪出样量中排名第6；②湖北省境内湖泊众多，养猪业所导致的水污染情况更为突出。湖北省的养猪污染状况及养猪户的环境行为采纳状况是我国养猪业的一个写照，具有一定的典型性。同时，为了充分体现随机抽样的原则和样本分布的均衡性，本研究在湖北省具体县市调研地点的选择上，也充分考虑地形地貌的差异性。正式调查问卷的样本信息见表4-3。

表4-3　　　　正式调查问卷样本信息

项目	类别	人数	比例（%）
性别	男	227	81.1
	女	53	18.9
年龄	30岁以下	40	14.3
	30~39岁	52	18.6
	40~49岁	97	34.6
	50~59岁	73	26.1
	60岁以上	18	6.4

续表

项目	类别	人数	比例（%）
受教育程度	小学及以下	65	23.3
	初中	106	37.9
	高中、中专	85	30.4
	大专及以上	24	8.6
养殖规模	50 头以下	44	15.7
	50～199 头	81	28.9
	200～999 头	73	26.1
	1 000～4 999 头	59	21.1
	5 000 头以上	23	8.2
地域分布	平原地区	103	36.8
	丘陵地带	118	42.1
	山区	59	21.1
组织化程度	加入养猪合作社	112	40.0
	未加入养猪合作社	168	60.0

正式调查完成后，我们同样对收集回来的数据进行统计与分析，进一步检验问卷的一致性与有效性。

在正式调查分析中，我们仍然使用 SPSS19.0 使用项目总体相关（CITC）分析对测量项目作进一步筛选。如表 4－4 所示，养猪户环境风险感知分量表的初始 Cronbach's α 系数为 0.835，接着本研究进行了两次项目的清理。首先，如果剔除总相关系数最低的项目 8，Cronbach's α 系数会提升至 0.865，因此第一步剔除了项目 8。接着，剔除了项目总体相关系数低于 0.4 的项目 7，而 Cronbach's α 系数未发生变化。项目剔除后，所有项目的总体相关系数均大于 0.4，Cronbach's α 为 0.865。这样总共剔除了 2 项，还剩 11 个测量项目。

表 4-4　　养猪户环境风险感知 CITC 分析

项目序号	（项目总体相关系数，项目剔除后的 Cronbach's α 系数）		
初始 a 系数	0.835		
	Ⅰ	Ⅱ	Ⅲ
1	(0.781, 0.834)	(0.781, 0.872)	(0.781, 0.872)
2	(0.712, 0.812)	(0.701, 0.833)	(0.72, 0.835)
3	(0.632, 0.799)	(0.653, 0.806)	(0.656, 0.824)
4	(0.516, 0.832)	(0.533, 0.854)	(0.55, 0.862)
5	(0.494, 0.806)	(0.492, 0.832)	(0.514, 0.836)
6	(0.592, 0.703)	(0.602, 0.825)	(0.602, 0.833)
7	x(0.362, 0.863)		
8	(0.212, 0.732)	x(0.212, 0.815)	
9	(0.592, 0.782)	(0.592, 0.814)	(0.532, 0.825)
10	(0.64, 0.832)	(0.602, 0.863)	(0.602, 0.878)
11	(0.526, 0.813)	(0.523, 0.812)	(0.526, 0.849)
12	(0.717, 0.823)	(0.632, 0.817)	(0.655, 0.846)
13	(0.592, 0.703)	(0.572, 0.746)	(0.492, 0.782)
项目剔除后的 Cronbach's α 系数	0.865		

注：表中括号内的第一个数字表示项目总体相关系数，第二个数字表示剔除该项目后的 Cronbach's α 系数。x 表示提出该项目。Ⅰ、Ⅱ、Ⅲ代表操作步骤。

4.2.3　探索性因素分析

结构效度指的是某一量表能否测量到某一理论上的结构或特质的程度（Anastasi, 1990）。为了检验量表的结构效度，我们进行了探索性因素分析。探索性因素分析的主要作用是从众多变量的交互相关中找到起决定作用的基本因素，并建立科学理论提供明确的证据（孙跃，2009）。因此，本节在对测量量表进行项目分析之后，接着进行探索性因素分析检验了样本数据是否适合做因素分析。本节利用主成分分析方法对预调查的数据进行分析，检验结果显示，养猪户环境风险认知的 KMO 值为 0. 938，Bartlett 的球形度检验的概率为 0. 000，球形检验结果达到显著水平（统计量的值为 1 708. 513），代表母群体的相关矩阵间有相同因素存在，适合进行因素分析（见表 4 –5）。

表 4 –5　　养猪户环境风险感知调查样本的效度检验

KMO 系数		0. 938
Bartlett 的球形度检验	卡方值	1 708. 513
	自由度（df）	55
	显著水平（Sig. ）	0. 000

接着，本节根据因子分析结果可以看到，11 个测量条目一共有 3 个主成分累计解释变异量达到 78. 428%，说明这 3 个公因子涵盖了原始数据 11 个变量所能表达的足够信息，可以很好地区分为 3 个维度，基本上符合研究假想。因此，上述 11 个项目确定为正式测量量表的测量项目（见表 4 –6）。

表 4 –6　　养猪户环境风险感知的方差贡献率与累积方差贡献率

成分	初始特征值			旋转后特征值	
	特征值	方差的%	累积方差%	方差的%	累积方差%
1	6. 211	56. 465	56. 465	31. 848	31. 848
2	0. 885	8. 044	64. 509	23. 856	55. 704

续表

成分	初始特征值			旋转后特征值	
	特征值	方差的%	累积方差%	方差的%	累积方差%
3	0.703	6.392	70.901	15.197	70.901
4	0.553	5.024	75.925		
5	0.523	4.751	80.676		
6	0.485	4.411	85.087		
7	0.385	3.503	88.589		
8	0.342	3.109	91.698		
9	0.339	3.082	94.780		
10	0.310	2.817	97.597		
11	0.264	2.403	100.000		

接着，本节又进行了因素负荷量的检定，保留了共同性及因素负荷量大于0.5的项目。分析结果显示，各项目均达到了0.5的水平。

表4-7　　养猪户环境风险感知因素负荷量检验

	旋转后的因素矩阵		
	1	2	3
因污染而导致罚款	0.338	0.725	0.254
因污染与猪场周围的民众发生冲突	0.204	0.848	0.070
污染加剧疾病的传播	0.357	0.754	0.205
土壤污染	0.456	0.422	0.539
造成水体污染	0.450	0.479	0.509
造成大气污染	0.226	0.149	0.898
未能进行猪舍科学选址和合理设计	0.707	0.307	0.275

续表

	旋转后的因素矩阵		
	1	2	3
未能进行粪污无害化处理和资源化利用	0.752	0.332	0.174
未能建立粪污无害化处理设施	0.760	0.255	0.057
未能合理使用养猪投入品	0.718	0.184	0.326
未能对病死猪进行无害化处理	0.721	0.279	0.267

结果显示，项目 T_1、T_2、T_3 在因子 2 上的负荷较大，且测量项目涉及项目“因污染而导致罚款”“因污染与猪场周围的民众发生冲突”“污染加剧疾病的传播”等内容，因此将其命名为“风险损失感知”；项目 T_7、T_8、T_9、T_{10}、T_{11} 在因子 1 上的负荷较大，且测量项涉及“养猪户未能进行猪舍科学选址和合理设计”“养猪户未能进行粪污无害化处理和资源化利用”“养猪户未能建立粪污无害化处理设施”“养猪户未能合理使用养猪投入品”“养猪户未能对病死猪进行无害化处理”等内容，因此将其命名为“风险原因感知”；项目 T_4、T_5、T_6 在因子 3 上的负荷较高，且测量项目涉及“养猪业造成严重的土壤污染”“养猪业造成严重的水体污染”“养猪业造成严重的大气污染”等内容，本节将其命名为“风险事实感知”。这三个因素较为全面地反映了养猪户所感知到的生猪养殖给周围环境所带来的各种风险，这与文献回顾后我们设想的养猪户环境风险感知维度是一致的。

在项目和结构全部确定以后，我们再一次就测量量表征询了专家意见，包括华中农业大学资源环境专业和畜牧业相关的教授、武汉市江夏区畜牧局相关管理人员以及武汉市江夏区最大的养猪企业金龙公司等大型猪场的工作人员。这些专家对该量表的测量项目基本上持肯定态度，在专家对相应的表述建议基础上，本节最终确定了量表的内容。

4.2.4 养猪户环境风险感知的结构维度检验

养猪户风险感知量表的检验方法主要分为信度检验和效度检验。本节采用 Cronbach's α 系数对养猪户环境风险感知量表进行信度检验，采用内容效度、结构效度对量表进行效度检验。

1. 量表的信度检验

在对量表进行数据分析之前，要检验量表测量的可靠性即量表的信度，以保证测量的质量。首先，我们对数据进行了信度分析，同样采取运用 Cronbach's α 系数来检验测量条款的信度。Cronbach's α 系数能反映出每一个因子中各个项目是否测量相同或相似的特性。从表内数据看，各分量表及总量表的 Cronbach's α 系数均大于 0.8。其中三个维度的信度系数分别为 0.875、0.863、0.812，总量表的信度为 0.894，说明本量表的内部一致性较好（见表 4－8）。

表 4－8　养猪户环境风险感知量表的内部一致性系数

分量表及所属因子名称	题目数	Cronbach's α 系数
风险事实感知	3	0.875
风险损失感知	3	0.863
风险原因感知	5	0.812
总量表	11	0.894

2. 效度检验

效度是指量表确能测量出需要测量的构念或特质的程度。一般而言，效度主要包括内容效度和构念效度。

在内容效度的检验上，本量表测量项目的形成，首先通过开放式问卷调查并结合国内相关文献，找出完备的养猪户环境风险感知的全部题项，然后组织了焦点小组座谈，逐条对测量项目进行筛选，并对测量项目的完备性做出了分析，尽可能补充遗漏的信息点；在形成养猪户环境风险感知的初步量表之后，又进行了预调查，通过探索性因素分析，进一步检验了影响量表信效度的测项，形成最终的量表，保障了量表的内容效度。

结构效度是指某一量表能否测量到某一理论上的结构或特质的程度（Anastasi，1990）。安德森（Anderson，1998）建议，在发展理论的过程中，通过探索性因素法分析建立模型，再用验证性因素分析去检验模型，这样才能保证量表所测特质的确定性、稳定性和可靠性。因此，本研究用验证性因子分析法来检验测量问卷的结构效度。

本研究使用正式调研的样本数据，采用AMOSS22.0进行验证性因子分析。本量表的验证性因素的各拟合指标见表4－9。

表4－9　　验证性因子分析结果

模型	x^2	df	x^2/df	GFI	AGFI	NFI	IFI	CFI	RMSEA
单维模型	534.26	240	2.393	0.83	0.85	0.79	0.923	0.923	0.041
三维模型	442.19	237	1.929	0.85	0.89	0.88	0.936	0.952	0.042

根据安德森（1984）的解释，在评价指标中，x^2/df（卡方自由度比）越小则模型拟合度越高，但一般小于3即可接受；CFI（比较拟合指数）越接近1越好，通常至少应大于0.90；NFI（非范拟合指数）大于0.90表示适配度佳；RMSEA（近似误差均方根）越小越理想，一般小于0.80即可接受。

从表中可以看出，二种模型的拟合指数在逐步改善，但相比之下，三因子模型较为理想，各项结构方程统计指标基本达到标准，说明量表结构效度较高。

4.3 养猪户环境风险感知的现状

4.3.1 养猪户环境风险事实感知的状况

养猪户环境风险事实的感知主要是指环境风险事实感知是指养猪户对生猪养殖对土壤、水体、大气等周围环境所造成污染这一风险事实的感知。从调研样本的结果显示，养猪户对环境风险事实感知程度整体偏低。在土壤污染的感知上，养猪户对“生猪养殖对土壤造成很大污染”持“非常赞同”和“比较赞同”的比例只占到15.7%；对“生猪养殖对水体造成很大污染”持“非常赞同”和“比较赞同”的比例只占到30.7%；对“生猪养殖对大气造成污染”认同度比例则更低，只占到9.6%。具体数据如表4－10所示。

表 4－10　　　　养猪户环境风险事实感知的状况　　　　单位：%

	非常赞同	比较赞同	一般	比较不赞同	非常不赞同
生猪养殖给土壤带来很大污染	2.1	13.6	39.3	40.7	4.3
生猪养殖给水体带来很大污染	4.6	26.1	37.1	31.4	0.7
生猪养殖给大气带来很大污染	0.0	9.6	39.6	41.8	8.9

总的来讲，在环境风险事实的认知上，养猪户总体感知水平均值仅为 2.7369，其中，养猪户对水体污染的感知程度最高，均值为 3.0250，大气污染则相较最低，均值仅为 2.5。这其中的原因可能在于水体污染最容易从直观感受到，养猪户对生猪养殖所导致的温室气体排放增加等大气污染损失较为陌生。

4.3.2　养猪户环境风险损失感知的状况

养猪户对养猪环境风险损失的感知主要表现在养猪业所造成的监管部门罚款、与周围民众冲突以及疫病传播加剧等的主观感受和认识。具体的数据如表 4－11 所示。

表 4－11　　　　养猪户环境风险损失感知的状况　　　　单位：%

	非常赞同	比较赞同	一般	比较不赞同	非常不赞同
猪场污染而导致的罚款	2.5	11.8	33.2	50.1	2.4
生猪养殖造成与周围民众的冲突	0.0	3.2	41.8	52.3	3.6
生猪养殖加大疫病的传播	2.9	11.1	32.2	48.0	5.8

总体来看，在养猪户的环境风险损失感知中，养猪户对养猪污

染带来疫病加剧的风险感知程度最高，均值达到了2.4464，因猪场污染而导致的罚款感知次之，均值为2.0876；与周围民众发生冲突的风险感知最低，均值为2.0321。

4.3.3 养猪户环境风险原因感知的现状

养猪户对生猪养殖所造成的环境风险原因的感知，主要表现为养猪户对生猪养殖全过程所造成环境风险的自身行为如猪场未能科学合理选址、未能进行标准化建设及建立粪污处理设施、粪污未能进行资源化利用、生猪投入品未能规范使用以及病死猪未能进行无害化处理等原因上的感知。具体数据如表4-12所示。

表4-12　　养猪户环境风险感知原因的感知状况　　单位：%

	非常赞同	比较赞同	一般	比较不赞同	非常不赞同
猪场未能科学合理选址	3.9	11.1	30.0	49.3	5.7
猪场未能进行标准化建设及建立粪污处理设施	3.9	25.7	45.4	21.8	3.2
粪污未能进行资源化利用	3.9	17.1	30.0	47.1	1.8
生猪投入品未能合理规范利用	1.8	13.6	29.6	54.3	0.7
病死猪未能无害化处理	0.0	11.4	34.3	53.6	0.7

在养猪户环境风险各项具体原因感知上，养猪户对于猪场粪污处理设施建立重要性的认可度最高，均值为3.0536。而对于病死猪的无害化处理重要性的认可度最低，均值仅为2.5643。对“猪场未能建立粪污处理设施”的赞同度占到29.6%，均值为2.7429。猪

场的合理选址、投入品的合理规范使用认可度次之，均值依次为 2.5107、2.6143。

总的来讲，养猪户的环境风险感知程度总体偏低，均值仅达到 2.6859。其中，养猪户对环境风险原因的感知程度相对最低，均值仅为 2.6095，养猪户对环境损失感知相对最高，均值达到 2.7369，养猪户的环境风险事实感知居中，均值达到 2.7114。

4.4　养猪户环境风险感知影响因素的实证分析

4.4.1　研究假说的提出

养猪户环境风险感知是指养猪户对其生猪养殖行为对周围的环境所带来的环境风险事实、环境风险损失以及环境风险原因的主观感受及判断，会直接影响其在养猪过程中对环境风险的防控行为。研究养猪户环境风险感知程度并找出其影响因素，能为针对性的完善政府决策、提高养猪户环境风险感知提供一定的理论支持。

在公众的环境风险感知的内部影响因素中，环境态度及个体因素的影响作用得到了一定的证实（Flynn，1994；Julian，1997；Lai，2003；路超君、罗宏、吕连宏，2010）。在养猪户的环境风险感知研究上，养猪户的个体特征、猪场的经营特征的影响作用也得到了部分研究者的验证。唐素云（2014）等的研究证实了个体特征会对养猪户的环境和健康风险感知产生显著的影响。朱金贺等（2014）

认为养猪户的经营特征会显著影响其市场风险预控能力，其市场风险预控能力必然会将其环境风险感知产生影响。因此，本节提出如下假设：

H_1：养猪户的个人及猪场特征显著影响其环境风险感知。

在环境态度对环境风险感知的影响研究方面上，弗拉杰和马丁内兹（Fraj & Martinez，2007）通过结构方程模型分析发现，公众的环境行为态度在主观上对其环境感知有着直接的指引作用。环境行为态度越积极的公众对环境风险感知程度更高。袁世慧（2011）使用心理测量方法及多元回归分析等统计方法发现居民的环境态度对其垃圾填埋风险感知程度存在显著的正向影响作用。希恩斯（Hines，1997）指出，环境态度可以分为一般态度和具体态度两类，其中一般态度指的是对生态环境本身的态度（即环境价值观），具体态度则指的是对特定环境责任行为的态度。根据实地调研的结果并结合相关文献，本书中环境态度主要指的是养猪户对养殖污染所持有的态度及责任担当。基于此，本节提出以下假设：

H_2：养猪户的环境态度显著正向影响其环境风险感知。

在环境风险感知的外部影响因素上，已有的研究表明，经济因素、社会情境因素均会对其产生显著的影响（Slovic，1987；张海燕等，2010）。在经济因素上，以往研究者认为，经济活动的成本对公众风险感知存在正向的影响，而收益则对公众的风险感知存在负向的影响。达克和维尔达斯基（Dake & Wildavsky，1991）指出人们从事某项活动成本较低，获取的收益较高则公众对这项活动的风险感知越低。闫萍、胡蓉、李珊珊（2014）的研究则发现，客户金融成本与收益对其互联网金融风险感知会产生显著的影响。史兴民

（2014）以陕西省彬县矿区为研究区域，通过问卷调查发现煤矿区居民为了经济收益或获取就业机会会愿意忍受煤矿开采带来的环境污染，证实了经济收益对其健康风险感知有明显的影响。由于环境问题负外部性的特征，养猪户很多时候会将个人的污染成本外化为社会成本，从而导致在养猪业环境风险防控中，成本相较于收益对养猪户的影响更大。因此，本节中对经济因素的考虑主要限于养猪环境风险治理的成本。基于此，本节提出以下假设：

H_3：养猪环境治理的经济成本显著正向影响养猪户的环境风险感知。

在外部情境因素的影响上，社会情境和制度情境也是影响养猪户环境风险感知的重要因素。盖利奥特（Gailliot，2007）指出，公众的风险感知会受到政府监管有效性的影响。严青华，马文军（2011）指出政府行为及政策是个体风险感知的重要影响因素之一。彭黎明（2011）以广州城市居民的问卷调查为例，发现公众对气候变化的风险感知会受到政府政策、企业行为、媒体传播及民间环保组织行为等因素的影响。吴林海等（2013）研究也进一步证实，政府的监管制度对公众的食品添加剂风险感知具有显著的影响。因此，本节提出以下假设：

H_4：外部情境因素显著正向影响养猪户的环境风险感知。

4.4.2　描述性统计分析与变量测量

1. 调研样本的描述性统计分析

在我们的调研中，主要选取了养猪户的年龄、性别、受教育程度作为养猪户个体特征的考查变量，在经营特征上，主要选取了养猪户是否加入养猪合作社、养殖规模以及养猪收入占比等变量。

（1）养猪户的年龄。调研结果发现，被调查样本的年龄中30岁以下的占到14.3%，30~40岁的占到18.6%，40~50岁的占到34.6%，50~60岁的占到26.1%，这表明养猪户中中老年人的比例较高，年轻人养猪的积极性较差。

（2）养猪户的性别。调研结果表明，被调查样本的性别中女性占到18.9%，男性占到81.1%，在我们的调研中发现，在当前的生猪养殖中，虽然近年来规模化程度在不断提高，我国的生猪养殖户目前依然以中小型生猪专业养殖户为主，但机械化和自动化程度并没有得到普遍推广，饲料的调配、猪料的运送以及粪污的清理等大量工作都需要耗费大量的体力，大多数女性可能不太能够承担此类体力要求较高的工作。考虑到养猪中女性比例过低，对环境风险感知的影响不够显著，因而在进行多元回归分析过程未将其设为考查变量。

（3）养猪户的受教育程度。被调研样本中初、高中文化程度的占到68.3%，而大专以上文化程度的仅占到8.6%，这说明养猪户普遍的文化水平较低。

（4）养猪户的组织化程度。调查样本中加入了养猪合作社的占到40%，而没有加入养猪合作社的占到60%，这与当前我国养猪户的实际情况基本相符，我国的养猪户组织化程度并不高，还有待进一步加强。

（5）养殖规模。饲养规模在30~49头的养猪户占到15.7%，饲养规模在50~199头的占到28.9%，200~999头的占到26.1%，1 000~4 999头的占到21.1%，规模在5 000头以上的8.2%，这说明在当前我国的生猪养殖中主要的是以中小专业养殖户为主，大型的养殖户占到较小比例，但猪场的规模化程度正在提高。

（6）养猪收入占总收入比重。养猪收入占总收入比重占 40% 以下的仅占到 12.5%，40% ~59% 的占到 28.2%，而总收入占到 60% ~100% 的占到 59.3%。这说明在当前约 80% 左右的养殖户收入主要依赖于养猪所获得的收入，这也进一步证明生猪养殖专业户在逐渐增大，猪场逐渐走向专业化和规模化。

2. 研究变量的测量

（1）养猪户环境风险感知程度。结合养猪业的特点和预调研的情况，本节对养猪户环境风险感知的测量上，使用顺序尺度直接询问受访者关于养猪业所造成的环境风险事实、环境风险损失、环境风险原因三个方面的感受。再根据养猪户对这三个方面的问题的认可度，按认可度从低到高按“1 ~5”依次赋值。对所得数值进行相加后算术平均取整数，从而测量出养猪户环境风险感知的程度。

（2）养猪户的环境态度。根据实地调研的结果并结合相关文献，本研究中对养猪户养殖污染环境态度的测量主要是通过询问其对“既要金山银山，也要绿水青山”这一说法的赞同程度、而污染的责任担当则通过其对“谁制造污染谁治理”这一说法的赞同度，根据其赞同程度从低到高按“1 ~5”依次赋值。

（3）经济成本因素。养猪环境治理的经济成本主要包括两个方面，一方面包括养猪户为了规范猪场环境而建立或购买治污设施所带产生的成本；另一方面则是猪场的治污设施日常运转所产生的运行成本。因此，本节对于养猪户治污经济成本的测量主要通过询问其对“设施建立成本高”和“设施运行成本高”这两种说法的同意程度，按照其赞同从低到高按“1～5”依次赋值。

（4）外部情境因素。外部情境因素主要包括制度情境和社会情境两方面。制度情境的影响主要指的是养猪户对制度规制的了解度和制度实施对其产生的影响。《畜禽规模化养殖污染防治条例》（以下简称《条例》）作为我国第一部国家层面上专门的农业环境保护类法律法规，本节中对政府规章制度对养猪户的影响主要是通过养猪户对《条例》的了解程度来进行测量，政府的规制行为影响则是通过环保部门针对猪场环境污染进行抽查的影响来进行测量。社会情境的影响主要是“养猪户与周围农户发生冲突的次数”以及“周围农户丢弃废弃物的次数影响”这两项来进行测量。具体赋值标准如表4－13所示。

表4－13　　变量选择与赋值说明

变量名称	变量定义	均值	标准差
被解释变量			
环境风险感知 RPE	环境风险事实感知＋环境风险损失感知＋环境风险原因感知/3	2.7819	0.76462
解释变量			
个体及经营特征	Personal and Organzational Characteristics		
年龄 Age	30岁以下＝1，30～39岁＝2，40～49岁＝3，50～59岁＝4，60岁及以上＝5	2.9179	1.12818
教育程度 Education	不识字或识字较少＝1，小学＝2，初中＝3，高中或中专＝4，大专或本科以上＝5	3.2143	0.96003
养殖培训数量 Training	没有参加＝1，较少参加＝2，一般＝3，较多参加＝4，经常参加＝5	3.1000	1.00036
是否参加养殖组织 Organizational degree	是＝1，否＝0	0.4500	0.49838

续表

变量名称	变量定义	均值	标准差
猪场规模 Scale	30 ~ 50 头 = 1，50 ~ 199 头 = 2，200 ~ 999 头 = 3，1 000 ~ 4 999 头 = 4，5 000 头以上 = 5	2. 7714	1. 18741
猪场收入占总收入比例 Income Percentage	20% 以下 = 1，20% ~ 39% = 2，40% ~ 59% = 3，60% ~ 79% = 4，80% ~ 100% = 5	3. 7286	1. 05981
环境态度 ATT			
既要金山银山，也要绿色青山 ATT_1	非常不赞同 = 1，不太赞同 = 2，一般 = 3，比较赞同 = 4，非常赞同 = 5	3. 1215	0. 8524
谁污染谁治理 ATT_2	非常不赞同 = 1，不太赞同 = 2，一般 = 3，比较赞同 = 4，非常赞同 = 5	2. 7542	0. 7215
经济因素 ECO			
设施建立成本高 ECO_1	非常不赞同 = 1，不太赞同 = 2，一般 = 3，比较赞同 = 4，非常赞同 = 5	2. 8893	0. 86668
设施运行成本高 ECO_2	非常不赞同 = 1，不太赞同 = 2，一般 = 3，比较赞同 = 4，非常赞同 = 5	2. 9143	0. 80309
外部情境因素 CIR			
政府抽查的影响 CIR_1	从来没有 = 1，很少 = 2，一般 = 3，经常 = 4，总是 = 5	2. 8125	0. 9425
对规制政策了解度 CIR_2	了解很少 = 1，了解较少 = 2，一般 = 3，了解较多 = 4，非常了解 = 5	2. 6071	1. 14031
与周围农户的冲突次数 CIR_3	从来没有 = 1，极少 = 2，偶尔 = 3，经常 = 4，总是 = 5	2. 0321	0. 90540
周围农户丢弃废弃物 CIR_4	从来没有 = 1，很少次 = 2，有时 = 3，较多次 = 4，很多次 = 5	2. 4123	1. 0236

4.4.3 研究模型与回归分析

根据前面构建的实证模型，本节以养猪户的个体及经营特征、环境态度因素、经济成本因素、情境因素（$X_1 \sim X_{13}$）对其环境风险感知（Y）以及环境事实感知（Y_1）、环境风险损失感知（Y_2）以及环境风险原因感知（Y_3）分别做回归分析，拟建立的回归方程如下：$Y = C_0 + \sum a_i X_i + \xi$

其中，Y 代表养猪户的环境风险感知，Y_1、Y_2、Y_3 分别代表养猪户的环境事实感知、环境损失感知、环境原因感知；$X_1 \sim X_{13}$ 依次为养猪户的受教育程度、接受养殖培训的数量、是否参加养猪合作社或养猪协会、猪场规模、养猪收入占家庭收入比重、养猪户对环境污染的态度、养猪户的责任担当、养猪户对设施建立成本高、设施运行成本高的赞同程度、政府抽查对养猪户的影响、养猪户对规制政策的了解度、养猪户与周围农户发生冲突的次数以及猪场因环境污染发生过疫情。a_i 为自变量估计系数，C_0 是常数项，ξ 是随机误差项。

为了保证回归结果有效，本节对各自变量间的多重共线性进行了检验。运用多重共线性判断法得到的结果显示，方差膨胀因子（VIF）均小于 10，各自变量之间不存在多重共线性。基于调查数据，本节运用 SPSS19.0 软件，以养猪户的个体及经营特征、环境态度因素、经济因素、情境因素为自变量，对养猪户环境风险感知的影响作用进行了多元线性回归。回归模型检验结果表明，复相关系数 R^2 值为 0.805，回归方程 F 值为 56.667，表明模型中的各个变量均通过显著性检验，模型拟合较好。具体的回归结果如表 4 – 14 所示。

表 4 – 14　养猪户环境风险感知影响因素的实证研究

解释变量 Variable	PRE（Y）		PRF（Y_1）		PRL（Y_2）		PRR（Y_3）	
	系数 Regression coefficient	显著性 Significance	系数 Regression coefficient	显著性 Significance	系数 Regression coefficient	显著性 Significance	系数 Regression coefficient	显著性 Significance
常量 Constant	0. 923	0. 000	0. 901	0. 000	0. 899	0. 000	0. 823	0. 000
个体、经营特征 / PC								
EDU	0. 046	0. 179	0. 187	0. 462	0. 541	0. 159	0. 784	0. 239
TRA	0. 039**	0. 041	0. 056	0. 432	0. 078**	0. 021	0. 045*	0. 096
ORG	0. 076	0. 103	0. 042	0. 132	0. 056	0. 102	0. 365	0. 172
SCA	0. 201***	0. 000	0. 023**	0. 012	0. 126***	0. 000	0. 109***	0. 006
INC	0. 158***	0. 009	0. 087	0. 164	0. 032**	0. 045	0. 132**	0. 011
环境态度（ATT）								
ATT_1	0. 325**	0. 045	1. 725**	0. 016	0. 526	0. 321	0. 832*	0. 089
ATT_2	0. 079*	0. 078	0. 138	0. 324	0. 312*	0. 041	0. 056	0. 125
经济因素（ECO）								
ECO_1	−0. 002	0. 964	0. 036	0. 732	−0. 143	0. 325	−0. 122	0. 629
ECO_2	−0. 107**	0. 024	−0. 086**	0. 035	0. 125	0. 326	0. 056*	0. 067
情境因素（CIR）								
CIR_1	0. 025	0. 130	0. 038	0. 126	0. 178*	0. 089	0. 147*	0. 053

续表

解释变量 Variable	PRE（Y）		PRF（Y_1）		PRL（Y_2）		PRR（Y_3）	
	系数 Regression coefficient	显著性 Significance	系数 Regression coefficient	显著性 Significance	系数 Regression coefficient	显著性 Significance	系数 Regression coefficient	显著性 Significance
CIR_2	0. 256 **	0. 032	0. 345 ***	0. 000	1. 258 **	0. 043	0. 087 **	0. 072
CIR_3	0. 016	0. 423	0. 078 **	0. 067	0. 013	0. 526	0. 159	0. 289
CIR4	−0. 132	0. 156	0. 145	0. 713	−0. 042 *	0. 089	0. 078	0. 759
R^2	0. 815		0. 789		0. 811		0. 852	
调整 R^2	0. 809		0. 803		0. 853		0. 821	
F 值	56. 778		85. 123		77. 159		78. 159	

注：*、**、*** 分别表示通过了 10%、5% 和 1% 统计水平的显著性检验。

4.4.4 回归结果分析

（1）在养猪户的个体特征中，养猪户接受养殖培训的数量通过了 5% 的正向显著性检验。这表明养猪户接受的养殖培训越多，其对生猪养殖所造成的环境风险感知程度越高。这是因为养猪户在养殖培训的过程中能接触到更多有关养殖环境风险防控的知识及技术，一定程度上能增加其环境风险意识。进一步分析发现，养殖培训的数量对其环境风险损失及原因感知的影响也通过了 5% 及 10% 的显著性检验，这是因为养猪户在养殖培训的过程中能接触到更多有关养殖环境风险防控的知识及技术，一定程度上能增加其对养殖污染造成损失及原因的感知。而养猪户是否加入养殖合作社则未能通过显著性检验。这可能与当前养猪户的文化程度普遍偏低及养殖合作社更多关注的是生猪营销相关。

（2）在养猪户的经营特征中，猪场规模、养猪收入占总收入比重均通过了 1% 的正向显著性检验。相较于养猪户的个体特征，养猪户的经营特征对其环境风险感知的正向影响更显著。这是由于养殖规模越大，养殖过程中可能出现的环境风险问题更容易扩大化和明显化，因而导致养猪户对养殖过程中所出现的环境风险事实、损失和原因均会有着更高的感知程度。而养猪户的养猪收入比越高，越担心环境风险对自身收益的影响，因而其对养猪环境损失风险以及养殖亏损背后深层原因的感知程度会越高。

（3）在养猪户的环境态度中，养猪户的环境污染态度对其环境风险感知的影响通过了 5% 的正向显著性检验，而养猪户对养殖污染的责任担当则通过了10%的正向显著性检验。通过进一步的深入研究发现，养猪户越认可经济收益与养殖污染治理同等重要，其对粪污所造成的土壤、水体和大气污染事实及风险原因感知程度会越高。养猪户越认可养殖污染中的责任主体地位，越在意其在养殖污染中的损失，其环境风险损失感知程度越高。

（4）在经济成本因素对养猪户环境风险感知的影响中，粪污处理设施运行成本通过了5%的负向显著性检验。粪污处理设施的运行成本直接关系到养猪户的经济利益，养猪户作为理性经济人，在面对高昂的治污成本投入时，越选择性地忽略掉生猪养殖所造成的环境事实风险。而粪污处理设施的建立成本则未能通过显著性检验。这可能是由于在当前我国多数大型猪场粪污处理设施的建立成本更多的地受到当前所实施的相应设施建设补贴政策的影响，而不仅仅是猪场自身经济状况。

（5）在外部情境因素对养猪户环境风险感知的影响中，政府对生猪养殖的环境监管通过了5%的正向显著性检验。这是因为当地环保部门对猪场的监督力度越大，养猪户为了避免政府监管所带来的经济损失，会对生猪养殖过程环境事实、损失和原因风险都会更为关注，其感知程度也必然越高。通过进一步的深入研究发现，养猪户对规制政策的了解程度对其环境风险损失及风险原因感知均通过了10%的正向显著性检验，这可能是由于养猪业规制政策中很多条款直接说明了生猪养殖中的行为与其可能发生的环境后果和导致的损失之间的相关性。同时，养猪户与周围农户发生冲突次数对养猪户环境风险事实感知也通过了5%的正向显著性检验。养猪户与周围农户发生冲突的次数越多，会促使养猪户对生猪养殖对周围土壤、水体和大气污染所造成的环境风险事实有更深的认识和防范。而周围养猪户随意对待废弃物的态度则对养猪户的环境风险损失感知存在着一定的负向影响，这可能是由于周围的社会风气一定程度上让养猪户也忽略掉污染可能带来的损失，养殖污染风险意识减弱。

4.5　本章小结

本章主要包括三个方面的内容：养猪户环境风险感知量表的开发和量表的检验；养猪户环境风险感知的现状描述；养猪户环境风险感知影响因素的研究。

结果发现：①养猪户环境风险感知的程度整体偏低，养猪户的环境事实感知程度最高，养猪户的环境风险原因认知程度相对最低。总体来讲，养猪户对能够凭借直观印象感受到、与自身利益联系更近的风险损失和事件感知程度更高，而对于对他人影响更大、不易觉察到的风险原因等感知程度较低。

②养猪户的个体及经营特征是养猪户环境风险感知的重要影响因素。养猪户所接受的养殖培训数量、是否加入养殖合作社、养猪收入占总收入的比重、养殖规模均显著影响其环境风险感知。在环境态度因素上，养猪户的环境污染态度及责任担当均显著影响养猪户的环境风险感知；在经济成本因素上，粪污设施运行成本显著影响其环境风险感知。在情境因素中，政府对猪场的环境监管力度显著影响其环境风险感知。

第5章

养猪户环境风险感知对其环境行为的影响研究

养猪户环境行为的实施是养猪业环境风险防控的最重要手段，贯穿于生猪养殖的全过程。了解养猪户环境行为的实施状况，是促进养猪户环境行为实施的首要条件。以往的研究均认为公众的环境态度会影响其环境行为的实施，养猪户环境风险感知作为环境态度的重要组成部分，其是否以及在多大程度上对环境行为的采纳产生影响，还有待于通过实证进一步检验。基于此，本章将在对养猪户环境行为进行分类以及环境行为实施中所需要的粪污处理工艺模式进行介绍的基础上，通过实地调查数据对养猪户环境风险感知对其环境行为的影响进行实证分析，并据此提出相应的对策建议。

5.1 养猪户环境行为

根据第2章的定义，本书中的养猪户环境行为主要指“养猪户所作出的正面的、有利于防范生猪养殖全过程环境污染的行为”。

结合养猪业的产业特点及调研的结果，本书将养猪业的环境行为分为养殖准备阶段、养殖过程中和养殖后三个阶段的环境行为：其中准备阶段的环境行为主要包括猪场的科学选址和标准化建设、粪污处理设施的建立，养殖过程中的环境行为包括对养猪投入品的规范使用、粪污设施的运行和粪污的收集，养殖后的粪污资源化利用和病死猪等废弃物的无害化处理这五项行为。

1. 猪场的科学选址

猪场的科学选址及卫生防疫工作是养猪户环境行为的首要组成部分。猪场的科学选址和卫生防疫是环境治理开展的前提条件，也有利于生猪防疫、提高养猪的经济效益。

猪场的选址一般有以下要求：①选择适宜的有利于卫生防疫的建场地址。根据国家环保局 2001 年颁布的《畜禽养殖污染防治管理方法》规定，养猪场的地址必须远离居民公共场所，大中型猪场一般在 2 000 米以上，小型猪场在 1 000 米以上。在猪场周围 3 000 米以内无其他的畜牧场、屠宰场、肉品加工厂和化工厂。②猪场位置一般应选择在居民区主导风向的下风向或侧风向，避免因气味、废水及粪污堆积而影响周围民众。③猪场的建设尽量选择地势高空气好、交通方便的位置。同时，《畜禽养殖污染防治管理方法》还进一步规定，地方政府的环保部门会同当地的农牧主观部门，可以结合当地的环境红线规定、畜牧业发展规划以及农业污染总量减排工作，对本地的生猪养殖区域进行划定，将畜禽养殖地域分为“三区”，即禁养区、限养区和适养区。其中禁养区是法律法规禁止畜禽养殖的区域，禁养区内所有的养殖场都要进行搬迁、关闭或转产。限养区则是指在此区域畜禽养殖规模会实行严格限制，不得新建和扩建畜禽养殖场，已有的畜禽养殖场要限期建设配套粪污处理和利用设施，并正常运行。适养区则要求合理进行规划布局。

因此，猪场的建设应严格遵守“禁养区”和“限养区”的规定，避开饮用水等水源敏感区域、公共场所、居民点及其他的畜牧场，进行科学的选址，并做好卫生防疫工作。

2. 猪场的标准化建设及粪污设施的建立

猪场的标准化建设和粪污设施的建立作为生猪养殖过程中保证粪污达标及无害化排放和处理的最重要基础工作，直接关系其他的环境行为能否顺利实施。

猪场的标准化建设包括：①根据猪场生产实际按照科学分类的原则建设猪舍。圈舍屋檐距地面高度一般不低于2.6米，每栋圈舍长度不超过70米，宽度8.0以上，走道宽不低于1.2米。猪舍内有相应的采食、饮水、通风、降温和取暖等设施设备（黄学康，2010）。猪舍应采用轻钢结构或砖混结构，猪舍朝向和间距需满足日照、通风、防火防疫的要求。圈舍能采用硬化地面，地面与粪尿沟处有一定坡度，易于打扫和冲刷消毒。②猪场能够进行生活区与生产区、粪污处理区的分离。猪场内的道路能进行净道和污道的分开。同时在猪场的建设过程应设置粪渣的贮存设施和场所，建立封闭排污沟、干粪堆积池以及污水处理池等粪污处理设施。③猪场周围应建围墙和设防疫沟，种植绿化隔离带，尽量减少臭味散发的影响。

3. 开展粪污的无害化处理及资源化利用

粪污的无害化处理及资源化利用是生猪养殖过程中养猪户环境行为的核心环节，直接关系到生猪养殖对周围环境的影响。

在当前我国养猪户对粪污的处理方式主要包括以下几种：

（1）生态发酵床模式，指的是在养猪生产中，同步利用发酵床对粪污进行处理，养殖场把栏舍改造成发酵床，在栏舍铺设木屑、植物秸秆、锯末和稻壳等原料为垫料，并添加有效微生物等，让猪粪尿直接排泄在发酵床上，利用猪的拱掘习性，结合人工翻耙，通过微生物发酵，使得猪粪、尿等有机物质得到充分的分解和转化，实现无污染和生态环保养殖（远德龙、宋春阳，2013）。

（2）对粪污进行简单处理后还田的农牧结合方式。作为一种传统的、经济有效的粪污处理方法，我国规模较小的养殖户大都是采用这种处置方式，主要是将生猪的固体粪分离出来，再采用水冲方式，将冲洗水排入贮粪池中进行简单发酵后施于土壤中，粪尿中的有机物质能分解转化成稳定的腐殖质及植物生长因子，从而减少化肥的使用。粪污直接还田的方式包括农牧（渔）结合和林牧结合的方式。

（3）以沼气工程为纽带，开展沼渣、沼液还田利用，将养殖与种植有机结合的“猪—沼—粮”“猪—沼—果”“猪—沼—鱼”模式。猪场一般将生猪粪便排入发酵池或经固液分离后，固体粪便用于养鱼、种植果蔬或生产有机肥料，液体粪便排入发酵池在发酵池中经厌氧微生物进行消化分解，生产沼气，用作生产、生活能源，沼渣和沼液经再处理进行还田利用（梁晶，2012）。

（4）厌氧塘多级沉淀法。一般养猪户在采用干湿分离的方法对猪场的粪尿进行清理后，将固体猪粪分离出来，再采取水冲方式，将猪尿和圈舍冲洗水排放到场外的多级沉淀池，对粪污进行厌氧消化后用于还田和林地的使用。

（5）堆肥发酵、加工有机肥料。堆肥主要分为自然堆肥和自然发酵堆肥两大类。自然堆肥主要是通过高温发酵，对有机物进行有控制的降解，使之矿质化、腐殖化、无害化，转化为腐熟肥料（朴仁哲、姜成、金玉姬，2015）。生物发酵堆肥则是利用生物发酵的原理，添加一定量的微生物菌种，通过微生物发酵，将粪污做成有机肥。

（6）利用相应的粪污处理设施进行工业处理。

利用粪污处理设施进行工业处理主要包括：第一种形式是利用固液分离机分离固态粪渣。大部分养猪户在粪污处理过程中均会采取水冲式清粪，这样就会使得粪、散落的饲料及尿液都进入废水，废水出现大量的固体。利用化粪池或者滤网等固液分离机可以将固态粪渣的40%～50%分离出来，使BOD下降25%～35%（曹玉风、李建国，2004）；第二种形式是利用烘干膨化技术，借助一定的专业机械对生猪粪便进行脱水干燥，在灭菌除臭的同时，将烘干的粪便制成动物饲料添加剂或者生产有机复合肥；第三种形式主要是利用微生物制剂对粪污进行厌氧或者好氧发酵处理，使得高污染的粪污成为达到排放标准的养殖业废水。

4. 猪场投入品的规范使用

猪场投入品的规范使用主要指的是养猪户严格执行国家有关标准，控制生猪饲料中重金属、抗生素和生长激素等物质的添加量，防止饲料中的重金属对土壤等周围环境造成影响，饲料中添加的兽药符合使用规范和卫生指标标准（孙华，2006）。猪场使用的饲料添加剂产品必须是具有饲料添加剂生产许可证的企业生产并且具有产品批准文号。若猪场使用预混饲料，则必须严重遵循国家标准和规范。因为饲料预混料一般是将各种微量矿物质元素、维生素、合成氨基酸等添加剂按照要求配比，混合后制成的饲料产品，很多都含有铜、锡、砷等金属元素。养殖户如果不能严格按照国家相关标准执行，会导致大量的金属元素在生猪体内、土壤等不断堆积，给环境造成重大污染，同时也会给生猪产品造成一定的安全隐患。饲料中添加的兽药要不添加国家规定的违禁药物，严格遵循兽药使用规范。

5. 病死猪的无害化处理

病死猪体内存在大量的病原微生物，是引发动物疫病的重要传染源。长时间后生猪尸体会腐烂发臭，尸体内可能携带的致病细菌和病毒会四处扩散，导致蚊子苍蝇的滋生，严重影响市容及环境卫生。若不能及时进行处理，随意丢弃在路边或是水体中，病死猪会随着流水和空气不断扩散，污染土壤和河流。而且容易引起人畜共患病的发生和流行（孙华，2012）。同时，有些养殖户还可能因为贪图利益，将部分病死猪进行非法处理进入市场，危害民众的身体健康。

当前对病死猪的处理方式有多种，包括焚烧、深埋、高温高压化制及生物发酵等技术。焚烧方法的成本较高，但是可以有效杀灭病原微生物。深埋法在操作上简单方便，在一定程度上能够减少疫病的发生，成为我国当前最为常见的一种处理方式。高温高压化制是指利用高温蒸汽对病死猪进行长时间的湿蒸后，经过油渣分离处理，再对其进行粉碎和烘干，渣处理成为农家肥，而油渣则用于其他的工业用油和生产肥皂和生物柴油等。利用生物发酵技术主要是先将病死猪和辅料（木屑或谷壳等）以 2∶1 的比例加入生物发酵降解机器内，机械搅拌和绞碎后，加入发酵菌，混匀，然后进行高温发酵和高温干燥，生产出可利用的有机肥料（曾星凯、孔晟等，2015）。

5.2 养猪户环境行为的描述性统计分析

1. 猪场的科学选址

养猪户对猪场的科学选址除了考虑对周围环境行为影响，有利于环境保护和卫生防疫，同时也能考虑用水方便、交通便利等科学标准，考虑到能带来更多利润的经济目标。在我们的调研过程中，根据养殖规模的大小，对猪场的距离划分为距离居民点 500 米以内、500～1 000 米以内及 1 000～2 000 米以内三种（按照规定，一般大中型猪场距离公共场所在 2 000 米以上，小型猪场在 1 000 米以上，其他的猪场要求 500 米以内）。在本节中将 500 米以内的猪场认定为未进行科学选址，具体数据如表 5－1 所示。

表 5－1　　调研样本中不同规模养猪户猪场选址的情况

存栏数量	30～50 头	50～200 头	200～1 000 头	1 000～4 999 头	>5 000 头
距离居民点					
500m 以内	40	12			
500m～1 000m	4	20	9		
1 000～2 000m	0	49	69	59	23
未进行科学选址养猪户	40	32	9	0	0
合计	44	81	73	59	23

根据统计结果显示，在被调查的样本养猪户中，未进行科学选址的养猪户达到了 71.1%，未能实施科学选址的养猪户达到 28.9%。大约 1/3 的养猪户依然未能进行科学选址，而这些养猪户的饲养规模大多数集中在 200 头以内。

2. 猪场标准化建设和粪污处理设施的建立

猪场标准化建设的核心环节在于粪污处理设施的建立，而根据粪污设施的处理能力和处理要求，本节将其分为干粪堆积池、粪污固液分离设施、三级沉淀池、沼气池和粪污净化设施五类。凡是建立这五类设施中之一者在本次调研中均被视为已经建立粪污设施。具体调研结果如表 5－2 所示。

表 5－2　　调研样本中养猪户猪场粪污设施建设的情况

建立粪污设施建设的种类	户数	所占百分比（%）
干粪堆积池	148	52.9
固液分离设施	80	28.6
三级沉淀池	124	44.3
沼气池	64	22.9
粪污净化设施	40	14.3
未建设粪污处理设施	132	47.1

根据调查结果显示，52.9% 的养猪户建立了粪污处理设施，而在建立的粪污处理设施中，主要以干粪堆积池和三级沉淀池最多，分别占到 52.9% 和 44.3%，而相对来说，拥有粪污净化设施的猪场最少，这可能与设施的建立成本和运行成本相关。这在后面的章节中会进一步讨论。

3. 投入品的规范使用

在我们的调研过程中，猪场投入品的使用情况，主要针对的是养猪户所使用的饲料是否符合国家标准，以及兽药的使用是否能遵循休药期及不使用禁用药品等。具体的调研结果如表5－3所示。

表5－3　调研样本中养猪规范化使用投入品的情况

使用投入品情况	户数	百分比（%）
按国家标准和规范使用饲料和兽药	41	14.6
按照猪场的需求自行使用饲料和兽药	239	85.4

调研数据显示，猪场投入品的规范化使用在养猪户中的普及率太低，大多数的猪场均是按照自己的习惯和猪场的需要较为随意地进行饲料和兽药的使用。

4. 粪污的资源化利用

粪污的资源化利用，指的是养猪户利用沼气工程、固液分离、生物发酵等技术措施，对粪污进行处理，并获取能源、生物有机肥，实现粪污的资源化利用（李纪周，2011）。在本次调研中，根据养猪户实施资源化利用的难易程度，结合以往文献（李纪周，2011），将资源化利用细化为实施生态发酵床、厌氧塘多级沉淀、投资沼气工程、固液分离后进行还田和生产有机肥等5项，其中只要实施了一项均被视为开展了粪污的资源化利用。具体数据如表5－4所示。

表 5－4　　调研样本中养猪户开展粪污的资源化利用的情况

开展粪污资源化利用情况	户数	百分比（%）
实施粪污的资源化利用	165	58.9
生态发酵床	5	1.7
厌氧塘多级沉淀	98	35
投资沼气工程	80	28.6
粪污固液分离处理后进行还田	132	47.1
堆肥发酵生产有机肥	22	7.8
未实施粪污的资源化利用	115	41.1

调查数据显示，在养猪户所实施的粪污资源化利用中一半左右的养猪户会对粪污进行固液分离并进行还田，部分养猪户会投资沼气工程和进行厌氧沉淀发酵对粪污进行更进一步的利用，对粪污的深层加工生产有机肥的比例还较低，不到 10%。由于地域的原因，实施生态发酵床的养猪户更少，只有极个别大型猪场进行过实验。

5. 对病死猪等废弃物的无害化处理

根据以往文献的分类（远德龙，2011），本次调研将病死猪的无害化处理方式分为深埋、焚烧、高温高压化制和生物发酵四种形式，凡实施其中任何一种形式均被视为实施了病死猪的无害化处理，具体调研结果如表 5－5 所示。

表 5－5　　养猪户实施病死猪无害化处理的情况

开展病死猪无害化利用情况	户数	百分比（%）
实施病死猪的无害化处理	149	53.2
深埋	122	43.6
焚烧	32	11.4
高温高压化制	42	15.0
生物发酵	18	6.4
未实施病死猪的无害化处理	131	46.8

调研结果显示，当前实施病死猪无害化处理的养猪户占到53.2%，采纳率不高，在实施病死猪无害化处理的养猪户中，大多数实施的是深埋的方式，其次是进行高温高压化制，再次是焚烧，生物发酵的方式采纳率最低。这可能与各种手段实施的技术水平要求和成本的因素直接相关。

总体而言，在本研究的调查样本中，未实施环境下行为的养猪户达到了11.4%，实施了1项环境行为的养猪户达到了21.4%，2项的为14.3%，3项的为22.1%，4项的养猪户则占到了18.6%，5项的养猪户达到了12.1%。具体数据如表5-6所示。

表5-6　　养猪户环境行为的描述性统计分析

环境行为	极小值	极大值	均值	标准差	实施比例（%）
科学选址	0	1	0.7107	0.45424	71.1
粪污设施的建立	0	1	0.5286	0.50008	52.9
粪污的资源化利用	0	1	0.5893	0.49284	58.9
投入品的规范使用	0	1	0.1464	0.35417	14.6
病死猪的无害化处理	0	1	0.5321	0.49986	53.2

5.3 养猪户环境风险感知对其环境行为的影响研究

5.3.1 问题的提出

近年来，随着养猪业环境风险的日益突出，学界就养猪业的环境风险防控主体——养猪户的环境行为展开了大量的研究，其成果主要集中在以下几个方面：①针对养猪业所带来的严重环境污染，详细介绍养猪业的污染技术防范手段和防范模式。王兆军（2001）、王林云（2006）就养猪业粪便的资源化、无害化、减量化等环境技术处理手段进行分析。赵学贤（1997）、张明峰（2001）等则强调应运用生态环境工程等治理技术手段治理生猪养殖所带来的污染问题。随着末端处理方式缺陷性的不断暴露（Mehta，2006），更多的学者指出养猪业应将治理生猪环境污染与产业可持续发展紧密结合起来，发展养猪业循环经济，走农牧一体化道路（张子仪，2002；黄贤金，2002；李健生，2005），养猪户应在生态学原理指导下，因地制宜地选择废弃物处理利用的方法，从而实现经济、社会和生态效益的统一（奕冬梅，2002），并对具体的粪污处理模式进行了详细的介绍（王凯军，2004；徐芹选、郑西来，2006）；②对养猪户某一种或几种具体的环境行为的采纳方式、采纳意愿及影响因素进行探讨。彭新宇（2007）在阐述我国养殖专业化防治畜禽污染的技术模式基础上，提出户主对畜禽废弃物的认识、参加养殖协会、获取政府补贴及补贴量、饲养规模正向影响养殖户沼气技术采纳行为。舒朗山（2010）以湖北省武穴市为研究区域，以生猪养殖专业户为研究对象，得出家庭从事农业的劳动力数量、猪舍与居民区的距离、饲养规模、沼气池容积、户主性别、农户是否兼业养鱼是影响其养殖废弃物处理方式选择的重要因素。张晖等（2011）基于计划行为理论分析框架，利用长三角207户生猪养殖户的实地调研数据，分析了政府补贴、农户的养殖规模及畜禽污染认知度对其参与畜禽粪便无害化处理意愿的影响。

综上所述，首先，现有对于养猪户环境行为的研究，较多地限于某一项具体的环境行为或以粪污的治理技术和模式作为研究对象，研究范围较窄。本节在对湖北地区280个专业生猪养殖户进行调研并结合与畜牧管理人员访谈的基础上，根据养猪业的产业特点，对养猪户的环境行为进行进一步细化，将猪场建设之前的科学选址、卫生防疫以及猪场的规范化建设、粪污设施的建立等养殖前环境行为，生猪养殖过程中粪污的收集、生猪投入品的规范使用，以及养殖后粪污的资源化利用、废弃物的无害化处理等环境行为全部纳入研究范围，以求更为全面和详细对养猪户环境行为进行研究。其次，在之前的研究中，研究者较多的关注生猪养殖户的家庭特征及猪场经营特征对其环境行为的影响，而养猪户的内在心理因素对其环境行为的影响研究还有所欠缺。养猪户的环境风险感知作为养猪户生猪养殖过程中的重要心理因素，其与养猪户的环境行为之间是否具有一致性，养猪户的环境风险感知如何影响养猪户环境行为的采纳还有待进行进一步的研究和论证。因此，本章将以湖北地区280个专业生猪养殖户为调研样本，通过实地调研数据，对养猪户环境风险感知与其环境行为之间的关系进行分析与研究，通过实证研究养猪户环境风险感知对其环境行为的作用机制。

5.3.2 研究假说与变量测量

1. 研究假说的提出

现有的大量研究表明，国内外学者已经关注到风险感知在人类行为决策中扮演着重要的角色（陈利、谢家智，2013）。巴鲁奇和费斯楚夫（Baruch & Fischhoff，1981）就公众对不同类型风险的认识与其行为选择的关系进行了开创性的研究，结果发现个体对风险事件的知觉能极大地影响自身的情绪状态，从而影响其行为。皮德格昂等（Pidgeon，2010）认为，风险感知直接塑造风险行为，个体的风险态度和决策行为直接建立在其对风险的感知上。孙跃（2009）认为个体认知的差异会直接导致其对同一风险任务的决策会有很大的差异，因此个体对风险认知水平的高低是影响其风险决策的很重要的因素。邓正华等（2013）通过对洞庭湖湿地保护区水稻主产区农户的研究，发现当地农户对农村生活环境变化的认知正向影响其环境行为的响应。

基于上一章的研究，养猪户的环境风险感知包括养猪户对生猪养殖过程中所造成的环境风险事实感知、环境风险原因的感知、环境风险损失的感知。养猪户的环境行为则指的是养猪户在生猪养殖过程中为了减少养殖所带来的土壤、水体、大气环境风险而采取的一系列污染防治行动，包括养猪户所实施的猪场合理选址、猪场标准化建设、投入品的规范使用、粪污的资源化利用以及病死猪的无害化处理。

基于此，本节提出以下假设：

假设 1：养猪户对环境风险事实的感知正向影响其环境行为的实施。

假设 2：养猪户对环境风险损失的感知正向影响其环境行为的实施。

假设 3：养猪户对环境风险原因的感知正向影响其环境行为的采纳。

基于上述研究假设，建立养猪户环境风险感知对其环境行为采纳影响的模型框架（见图5－1）。

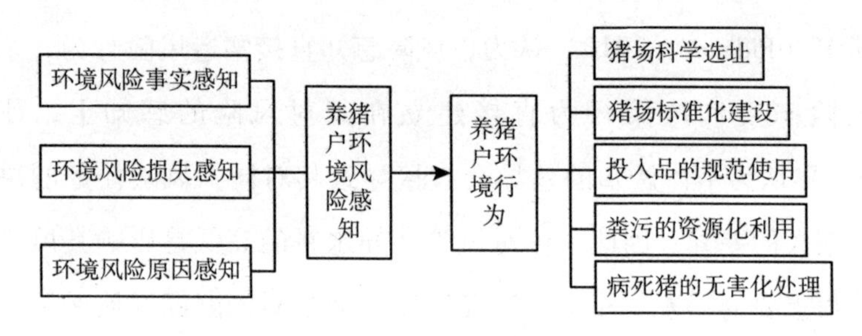

图5－1　养猪户环境风险感知对其环境行为采纳影响的模型框架

2. 变量的选取及测量

（1）环境行为的测量。本节对环境行为的测量主要是通过对生猪养殖过程中养猪户对“猪场科学选址”“猪场标准化建设”“粪污的资源化利用”“对生猪投入品的规范化使用”“病死猪的无害化处理”这五项环境行为的采纳情况进行调查，养猪户没有采纳任何环境行为则赋值为0，采纳其中，1种环境行为则赋值为1，采纳2种则赋值为2，依此类推，采纳5种则赋值为5。

（2）养猪户环境风险感知的测量。具体的赋值方式及变量的测量同第4章。

（3）控制变量的选取及测量，根据之前研究者的结论，养猪户的文化程度、养殖规模、养猪收入占总收入的比重以及养猪户是否加入养殖合作社也会对养猪户环境行为的实施产生一定的影响，因此将其设为控制变量，以排除这些变量对自变量的干扰。具体的赋值方式及变量的测量同第4章。

3. 模型构建

本节中因变量养猪户环境行为的采纳不满足正态分布，属于离散变量，采用 Logistics 函数的模型为：

$$P(y=j/x_i)=\frac{1}{1+\exp(-(\alpha+\beta x_i))}$$

其中，y 代表养猪户环境行为，给各等级 y 赋值 j(j=0，1，2，3，4，5)，y=0 代表养猪户未实施任何环境行为，y=1 代表养猪户实施 1 种环境行为，y=2 代表养猪户实施 2 种环境行为，依此类推，y=5 代表养猪户实施 5 种环境行为，x_i 表示影响养猪户环境行为的第 i 个因素。因此，建立多元有序 Logit 模型：

$$Logit(P_j)=\ln[P(y\leqslant j)/P(y\geqslant i+1)]-\alpha_j+\beta x$$

其中，P_j 代表采用某一等级环境行为的概率，$P_j=P(y=j)$，j=0，1，2，3，4，5；$(x_1, x_2, \cdots, x_i)^T$ 表示一组自变量，α_j 是模型的截距，代表的是一组与 x 对应的系数。

因此上式等价于：

$$P(y\leqslant j/x)=\frac{\exp(-(\alpha_j+\beta x_i))}{1+\exp(-(\alpha_j+\beta_x))}$$

5.3.3　环境风险感知对环境行为影响的实证分析

1. 相关分析

根据之前的研究，公众的环境风险感知正向的显著影响其环境行为。但在养猪业具体情境下，还有待进一步的检验，因此，在做回归分析之前本节首先探究了养猪户环境风险感知与其环境行为之间的相关关系。结合变量的类型，本节运用 SPSS 软件对调研数据进行分析，具体的相关分析结果见表5-7。

表5-7 养猪户环境风险感知与养猪户环境行为的相关分析

养猪户环境风险感知		环境行为
养猪户环境风险事实感知	Pearson 相关性	0.103**
	显著性（双侧）	0.006
养猪户环境风险损失感知	Pearson 相关性	0.567**
	显著性（双侧）	0.009
养猪户环境风险原因感知	Pearson 相关性	0.026*
	显著性（双侧）	0.032

注：*和**分别表示通过了0.05和0.01水平（双侧）显著相关。

从表5-7中的分析结果发现，养猪户环境风险感知的三个维度养猪户环境风险事实感知、养猪户环境风险损失感知、养猪户环境风险原因感知三个维度与环境行为之间均存在着显著的相关性。其中，养猪户环境风险事实感知变量和养猪户环境风险损失感知变量通过了1%的显著性检验，这说明养猪户的环境风险事实感知、环境风险损失感知与养猪户环境行为之间有很强的相关性。养猪户对生猪养殖所造成的土壤、水体、大气等污染风险事实现状的感知及所造成的社会、经济损失感知越深刻，其采取环境行为的可能性越大。而养猪户的环境风险原因感知变量则通过了5%的显著性检验，这说明养猪户对生猪养殖所造成污染的原因认知与其环境行为采纳之间也具有一定的相关性。

2. 回归分析

通过相关分析表明，养猪户环境风险感知对其环境行为存在着显著的影响，但是养猪户环境风险感知对其环境行为的影响程度还有待进一步的分析。由于养猪户的环境行为属于离散型有序分类变量。因此，本节将运用有序分类 Logistics 模型对养猪户环境风险感知对其环境行为的影响进行回归分析。在具体分析之前，先对模型分别进行似然比检验，检验结果的 P 值均大于 0.05，说明各回归方程互相平行，可以使用 Ordinal Regression 对其进行分析。具体结果如表 5-8 所示。

表 5-8　　养猪户环境风险感知对其环境行为影响的回归分析结果

解释变量	B 值	标准回归系数	T 值	sig
常量	1.832		5.129	0.000
解释变量				
风险事实感知 PRF				
土壤污染 PRF_1	0.235	0.089	1.268	0.724
水体污染 PRF_2	0.675*	0.098	1.927	0.056
大气污染 PRF_1	0.467*	0.078	1.873	0.724
风险损失感知 PRL				
猪场污染而引发的罚款 PRL_1	1.231***	0.895	4.925	0.003
猪场引起周围民众的抱怨甚至冲突 PRL_2	0.852	0.176	3.214	0.139
猪场污染加剧疫病的传播 PRL_1	0.125	0.254	1.046	0.854
风险原因感知 PRR				
养猪户未能科学选址 PRR_1	0.035	0.026	0.657	0.326
养猪户未能标准化建设 PRR_2	0.453**	0.125	1.923	0.046
粪污未能进行有效处理和利用 PRR_1	0.203***	0.086	1.086	0.007
投入品未能进行合理规范使用 PRR_1	0.008	0.009	0.098	0.826
病死猪未能进行无害化处理 PRR_1	0.136	0.068	1.321	0.233

续表

解释变量	B值	标准回归系数	T值	sig
控制变量				
受教育程度	0.023	0.009	0.321	0.932
养殖培训的数量	0.062	0.052	1.113	0.312
参加养殖合作社	0.712 **	0.214	5.896	0.013
养殖规模	0.726 ***	0.315	5.231	0.000
养猪收入比	0.564 ***	0.215	5.263	0.000

注：*、** 和 *** 分别表示通过了10%、5%和1%统计水平的显著性检验。

3. 回归结果分析

（1）养猪户环境风险事实感知对其环境行为的影响。养猪户对生猪养殖所造成的水体、大气污染感知对其环境行为影响通过了10%的正向显著性检验。养猪户越认可生猪养殖所造成的水体、土壤污染，越可能采纳环境行为来防控环境风险。而养猪户土壤的污染感知对其环境行为的影响则未能通过显著性检验。这可能是受“庄稼一枝花，全靠粪当家”等传统粪肥观念的影响，以及土壤污染相较于水体和大气污染的较难觉察性特征，导致养猪户的土壤污染感知程度较低。

（2）养猪户环境风险原因感知对其环境行为的影响。其中养猪户对猪场未能进行标准化建设以及粪污未能进行有效处理和利用这两大原因的赞同程度对养猪户的环境行为采纳分别通过了5%和1%的正向显著性检验。而养猪户其他方面的环境风险原因感知对其环境行为的影响则未能通过显著性检验。这可能是由于大多数养猪户认为猪场标准化建设以及对粪污的有效处理是预防生猪养殖对周围环境造成影响的最重要因素，而对于生猪养殖之前的科学选址、养殖过程中投入品规范使用、病死猪无害化处理等行为对环境造成破坏的感知度还相对较低，因而会忽略了养猪全过程环境行为的实施。

（3）养猪户环境风险损失感知对其环境行为的影响。养猪户对养殖污染导致的罚款影响感知对其环境行为的采纳通过了 1% 的正向显著性检验。养殖污染受罚的数量，直接关系到养猪户的养殖利润，加大其养殖成本，养猪户作为理性经济人，为了防控环境风险损失的发生，则必然会更多地采纳环境行为。而养猪户对与周围农户发生冲突的影响以及养猪污染加剧疫情传播影响的感知对其环境行为的采纳均未通过显著性检验。这可能与当前大部分猪场离村庄较远，与周围农户发生冲突的几率不多相关。而在疫情感知上，在我们的调研中发现，养猪户对环境污染加剧疫病的传播这一观点比较赞同和非常赞同的比例仅为 11.2% 和 2.9%。大多数养猪户认为生猪疫情发生是多方面因素导致的结果，养殖污染并不是唯一原因。

（4）养猪户个人特征及经营特征对其环境行为的影响。养猪户的受教育程度、接受养殖培训的数量均未能通过显著性检验，这可能是由于当前我国养猪户的文化程度普遍偏低，接受的养殖培训也相对较少。而养猪户的养殖规模及养猪收入比重均通过了 1% 的正向显著性检验，组织化程度则通过了 5% 的正向显著性检验。这表明养猪户的组织化程度越高，养殖规模越大，养猪收入在总收入中所占的比重越高，其实施环境行为的可能性越大。这也验证了之前的研究者的结论，猪场规模越大，养猪户对养猪所造成的环境风险感知程度会越高，越会注意猪场环境风险的防范，从而促进其更多地采取环境行为。养猪户养猪收入占家庭收入的比重越高，养猪环境风险所造成的损失对其影响会更大，其实施环境行为的可能性也会越大。而对于参加养猪合作社的养猪户来说，社员能够获取更多的关于生猪养殖技术咨询、饲料管理以及疫病防控等方面的知识，因而其对生猪养殖环境行为重要性及风险防控的技术理解度更高，采纳环境行为的可能性也越大。

5.4 政策建议

基于以上的分析结果，可以提出以下对策建议：

（1）加大对养猪业环境风险多方面后果的宣传和教育，通过定期开设培训班、发放养殖环境风险宣传资料加强养猪户环境意识教育。与此同时，加强对猪场周围民众的环境风险教育，发挥民众对猪场的环境监督作用。

（2）加强对养猪户生猪养殖全过程中各项环境行为实施的宣传教育和技术培训，转变养猪户传统的粪肥观念，促进养猪户全过程环境行为的实施。

（3）鼓励生猪养殖适当规模化的同时，加强养猪户的专职化水平。养猪户的专职化直接关系着其对猪场发展长远利益的关注，专职化程度越高的养猪户对于环境风险的防控意识更高，也会更多地实施环境行为避免猪场的损失。同时，政府在当地土地吸纳水平允许的情况下，应鼓励养猪户适度地扩大生猪养殖的规模。

（4）鼓励养猪户加入养猪合作社，鼓励养猪合作社更好地加强与养猪户联系，更好地为养猪户提供服务和帮助。

5.5　本章小结

本章对生猪养殖过程中养猪户的环境行为进行分类和详细的工艺模式介绍，并结合调研样本数据的环境行为实施情况，研究了养猪户环境风险感知对其环境行为的影响。

结果表明：

（1）养猪户的环境风险事实感知中其对养猪带来周围环境变化、猪场污染加剧疫病传播的感知显著影响生猪养殖过程环境行为的采纳。养猪户的环境损失感知中水体和大气污染的感知显著影响其环境行为的采纳。而在养猪户的环境原因感知中，仅有对猪场的猪场标准化建设及粪污的资源化利用的感知对其环境行为的影响显著。

（2）养猪户的环境风险感知对其环境行为的采纳存在着一定的影响，养猪户的环境风险事实感知对其环境行为采纳的正向最为显著，而养猪户的环境风险损失感知和环境风险原因感知对其环境行为采纳的影响并不太显著。

（3）政府应加大养猪户生猪养殖环境风险多方面后果和损失的宣传教育，加大对生猪养殖全过程各项环境行为实施重要性的宣传教育和技术指导，提高养猪户的环境风险意识。

（4）加大养猪户专职化和组织化程度，鼓励生猪养殖适度规模化。

第 6 章

养猪业环境规制及其调节效应分析

面对养猪业所造成的严重环境风险，我国政府针对养猪业的污染防控制定了一系列的环境规制政策以期促进养猪户环境行为的实施。本章将在对我国养猪业政府环境规制政策进行系统梳理的基础上，运用湖北省规模生猪养殖户的调研数据，对环境规制政策是否会对养猪户环境风险感知—环境行为产生促进或抑制作用进行实证检验，并重点对约束型环境规制与激励型环境规制对养猪户环境风险感知—环境行为产生的影响进行比较研究，从而为完善环境规制政策更好地促进养猪户环境行为的采纳提出针对性的对策建议。

6.1 我国养猪业的政府环境规制政策

我国对于养猪所造成的环境风险的规制包括两个层面：法律层面和具体的操作层面。法律法规一旦颁布在一定程度会影响养猪户的行为，对养猪户的生产活动能产生一定强制性的规制作用。而在法律法规上，我国针对养猪业的环境规制政策主要可以分为约束型政策和激励型政策。

6.1.1　约束型政策

2001年以前，我国在对养猪业的环境规制上缺乏专门性的政策体系，因而无法有效地管控养猪业所造成的环境污染。2001年以后，面对严峻的养猪业污染形势，我国开始陆续出台了一系列针对性的政策、法规及标准。具体的国家层面的养猪业环境治理政策、法规及标准如表6-1所示。

表6-1　养猪业环境治理政策法规及标准

政策、法规及标准名称	发布单位	发布时间	实施时间
技术规范、法规和排放标准类			
《畜禽养殖污染防治管理办法》	原国家环境保护总局	2001-05-08	2001-05-08
HJ/T81—2001《畜禽养殖业污染防治技术规范》	原国家环境保护总局	2001-12-19	2002-04-01
GB18596—2001《畜禽养殖业污染物排放标准》	原国家环境保护总局、国家质量监督检验检疫总局	2001-12-28	2003-01-01
NY/T 1167—2006《畜禽环境质量及卫生控制规范》	农业部	2006-07-10	2006-10-01
NY/T 1168—2006《畜禽粪便无害化处理技术规范》	农业部	2006-07-10	2006-10-01
《畜禽养殖场（小区）环境监察工作指南（试行）》	环境保护部	2006-10-03	2006-10-03
《畜禽养殖业污染防治技术政策》	环境保护部	2010-12-30	2010-12-30

续表

政策、法规及标准名称	发布单位	发布时间	实施时间
《畜禽规模养殖污染防治条例》	国务院令 第643号文件	2013－11－11	2014－01－01
工程规范及设计规范类			
NY/T 1222—2006 《规模化畜禽养殖场沼气工程设计规范》	农业部	2006－12－06	2007－02－01
HJ497—2009 《畜禽养殖业污染治理工程技术规范》	环境保护部	2009－09－30	2009－12－01

在命令控制型政策中，根据其内容的不同，可以分为两大类：第一类主要包括养猪污染防治的政策法规；第二类主要包括生猪养殖污防治的相关工程技术规范和设计规范，主要涉及生猪污染防治工程中的相关技术参数、工艺流程等。

1. 养猪业环境规制相关的政策法规

由于我国养猪业污染防治的政策规范、法规和排放标准较多，本节将主要对代表性较强和影响力较大的法规及规范进行简要的介绍。

（1）《畜禽养殖业污染物排放标准》的相关规定。

2001年12月28日，原国家环境保护总局、国家质量监督检验检疫总局发布《畜禽养殖业污染物排放标准》，标准中针对集约化畜禽养殖业的不同规模（注：规模分为一级和二级，其中一级为存栏数为3 000头以上，二级为500～3 000头）。规定了水污染物、恶臭气体的最高日均排放浓度最高允许排水量，畜禽养殖业粪渣无害化环境标准；明确对畜禽养殖业污染排放物的排放标准进行了规定。其中，集约化养猪场水排放标准见表6-2，无害化环境标准见表6-3，恶臭污染物排放标准具体见表6-4。

表6-2　　　　集约化养猪业水排放标准

最高允许排水量			日均排放浓度						
不同工艺	冬季（m^3/百头．天）	夏季（m^3/百头．天）	五日生化需氧量 mg/L	化学需氧量 mg/L	悬浮物 mg/L	氨氧 mg/L	总磷 mg/L	粪大肠菌群数 个/100mL	蛔虫卵 个/L
水冲工艺	2.5	3.5	150	400	200	80	8.0	1 000	2.0
干清粪工艺	1.2	1.8							

注：废水最高允许排放量中，百头、千头均指存栏数。
资料来源：《畜禽养殖业污染物排放标准》。

表6-3　　　　集约化养猪业废渣无害化排放标准

控制项目	指标
蛔虫卵	死亡率≥95%
粪大肠菌群数 个/kg	$\leq 10^5$

资料来源：《畜禽养殖业污染物排放标准》。

表6-4　　　　集约化养猪业恶臭污染物排放标准

控制项目	标准值
恶臭浓度（无量纲）	70

资料来源：《畜禽养殖业污染物排放标准》。

（2）《畜禽规模养殖污染防治条例》的相关规定。

《畜禽规模养殖污染防治条例》（以下简称为《条例》）是我国第

一部从国家层面上专门的畜禽污染防治法律法规，旨在提升我国畜禽养殖废弃物综合利用的整体水平及畜禽养殖业的环境保护水平，突破养猪业可持续发展所面临的资源和环境瓶颈。《条例》以生态文明建设的精神为指导，采取全过程管理的思路，对产业的布局选址、环评审批、污染防治配套设施建设等前置环节作出了规定，对废弃物的处理方式、利用途径也作出了规定。较之 2001 年原国家环境保护总局发布的《畜禽养殖污染防治管理方法》，该《条例》增加了相关的环境防治规定，具体体现在：

①进一步强化生猪养殖的生产合理布局和养殖规划的科学制定的重要性。强调养猪业发展规划要统筹当地环境承载能力及畜禽养殖污染防治要求，科学确定养殖的规模、总量。

②突出污染预防的重要性，强化养猪污染的源头监控。首先，《条例》中强调新建、改建、扩建养殖场、养殖小区，要符合畜牧业发展规划、畜禽养殖污染防治规划，满足动物防疫条件，并要进行环境影响评价。对环境可能造成重大影响的大型畜禽养殖场、养殖小区，应当编制环境影响报告书，其他养殖场和小区要填报环境影响登记表。《条例》对环境影响评价的重点做了进一步规定，要求包括：生猪养殖的废弃物种类和数量，废弃物综合利用和无害化处理方案和措施、消纳和处理情况以及向环境直接排放的情况，对周围环境的影响及控制措施。其次，《条例》强调养殖场和养殖小区根据养殖规模，建设粪便、雨污分流设施、粪污贮存和厌氧消化堆沤设施以及其他一系列的综合利用和无害化处理设施。最后，强调通过科学的饲养方式和废弃物处理工艺措施，减少生猪废弃物的产生量和排放量。

③进一步强调对生猪养殖废弃物综合利用与治理。凡向环境排放的经过处理的养殖废弃物应当符合国家与地方规定的污染物排放标准和总量控制指标，不经处理的废弃物不得直接向环境排放。县级以上人民政府环境保护主管部门应当依据职责对生猪养殖污染防治情况进行监督检查，加强对养殖环境污染的监测。对污染严重的养殖密集区域，市、县人民政府应制定综合整治方案，采取组织建设养殖废弃物综合利用和无害化处理设施、有计划搬迁或者搬迁现有生猪养殖场所等措施对养殖污染进行治理。

2. 养猪业环境规制的技术规范

（1）养猪业环境规制的技术规范。

2001年12月19日原国家环境保护总局于发布了《畜禽养殖业污染防治技术规范》（本段中简称为《规范》），规范的主要内容包括：①划定了生猪养殖禁养区以及生猪养殖场的方位及与公共场所的距离；②对厂区的布局进行明确的规定；③对猪场采用干清粪工艺以及粪便的贮存作出要求；④在污水的处理上，要求坚持种养结合的原则，经无害化处理后尽量充分还田，实现污水资源化利用；⑤固体粪肥的处理利用的规定；⑥饲料和饲养管理的具体规定；⑦病死猪的尸体处理和处置的技术规范要求；⑧污染物监测等污染防治的基本技术要求等。

（2）养猪业环境规制的工程设计规范。

2006年12月6日，农业部发布了《规模化畜禽养殖场沼气工程设计规范》（本段中简称《规范》），在此《规范》中规定了规模化畜禽养殖场沼气工程的设计范围、原则以及主要参数选取。《规范》的具体内容包括：①沼气工程设计的基本要求；②沼气工程的选址和总体布置要求；③将沼气工程分为“能源生态型”和“能源环保型”，对各自的工艺流程的介绍，并针对工艺进行了参数计算、物料衡算的方法介绍；④对沼气工程的前处理工艺类型、厌氧消化、后处理、综合利用的主要设计参数、设施设备的相关规定的介绍。

2009 年 9 月 30 日，环境保护部发布了《畜禽养殖业污染治理工程技术规范》，在此技术规范中明确规定了集约化养猪场（区）污染治理工程设计、施工、验收和运行维护的技术要求。具体的内容主要包括以下方面：①确定生猪粪污的收集、贮存和处理基本处理原则应为根据养殖规模的大小选择低运行成本的处理工艺，并对粪污处理工艺根据养殖场的能源需求状况、土地消纳状况进行基本流程的介绍；②对废水处理的预处理、厌氧生物处理、好氧生物处理以及自然处理中的设计规定、标准要求和工艺路线均进行了介绍；③对固体粪便处理的堆肥场地设计要求、好氧发酵的工序和要求和堆肥制品要求进行了介绍；④病死猪畜禽尸体处理要求、恶臭控制方法和工艺；⑤介绍畜禽养殖业污染治理工程的工程施工、验收、运行和维护的要求和标准。

6.1.2 激励型政策

面对严峻的养猪业环境污染形势，我国政府除了实施一系列的命令控制型政策外，还陆续出台了一系列的以鼓励生猪养殖场发展沼气工程等废弃物综合利用设施的经济激励政策，以期有效推动养猪业环境污染治理工作。

2013 年 11 月 11 日国务院公布了《畜禽规模养殖污染防治条例》（以下简称《防治条例》），采取多重政策措施来鼓励废弃物的综合利用。此《防治条例》明确对沼气、制肥等综合利用设施以及沼渣沼液输送和施用、沼气发电等相关配套设施建设予以鼓励和支持，对病死猪的尸体进行无害化处理按照国家规定对处理费用和养殖损失给予一定的补助。

此外，《防治条例》还规定对建设生猪养殖污染防治设施按国家规定给予贷款贴息和补助等相关资金支持，废弃物利用予以税收优惠并享受农用电价格，对有机肥购买给予补贴等优惠政策。

针对我国养猪业近年来的污染状况，农业部也出台了一系列的经济激励政策，主要包括：①畜牧标准化规模养殖支持政策，2014年中央财政共投入38亿元支持发展畜禽标准化规模发展，其中25亿元用于支持生猪标准化规模养殖小区（场）建设，支持资金用于养殖场（小区）水电路改造、粪污处理、防疫、质量检测等配套设施。②养殖环节病死猪无害化处理补贴政策，国家对年出栏50头以上，对养殖环节病死猪进行无害化处理的生猪规模化养殖（小区）给予每头80元的无害化处理费用补助。

6.2　政府规制对养猪户环境风险感知——环境行为关系的调节效应检验

6.2.1　养猪业环境规制的量表设计

1. 量表的编制

通过对之前的文献进行梳理发现，以往对养猪业环境规制的测量还缺乏成熟的量表。因此，为了获取有效的调查问卷，本节根据从养猪业环境规制相关的文献和政策法规文件中整理出来的测量项目，设计了针对养猪业环境规制的访谈提纲，对包括养猪专业户、畜牧管理人员等40人进行了有关养猪业环境规制政策的访谈研究。有关环境规制的访谈主要围绕着这样几个方面的问题展开：您知道目前政府在养猪业环境治理方面都有哪些政策？您认为政府在养猪业环境治污监管对您有何影响？

访谈结束后，在结合访谈结果和文献研究的基础上，本节确立以下7个项目来进行养猪业环境规制的测量。在初步的问卷设计完成之后，我们先后在邀请同门博士生、同专业老师以及畜牧业环境管理人员、畜牧业环境问题研究的教授和学者对问卷测量项目的清晰度和有效性进行评审，并对测量项目进行进一步的精炼。

为了检验政府环境规制量表的质量，我们同样将此份量表发放给之前所选取的调查样本人员进行预调查。小样本的信息同上一章。

预调研结束后，我们同样运用SPSS19.0对小样本调查的结果进行统计与分析，以检验环境规制问卷的一致性与有效性，使用的方法和步骤和养猪户环境风险感知问卷检验的方法一致。首先，使用CITC对测量条款进行净化，结果显示CITC系数均高于0.4，Cronbach's α系数均高于0.7。

接下来，我们进行了养猪业环境规制的正式调查，调查样本同上一章，调查结束后，仍然运用SPSS软件使用CITC分析对测量项目进行了筛选。结果发现，所选取的所有测量项目总体先关系数均大于0.4，Cronbach's α系数则维持在0.801。

接着对数据运用 Cronbach's α 系数来检验测量条款的信度。量表的内部一致性系数如表 6－5 所示。

表 6－5 养猪业环境规制对养猪户影响的 CITC 分析

项目序号	测量项目	总相关性	Cronbach's α 值
1	政府抽查的影响	0.785	0.852
2	污染受罚的力度	0.860	0.848
3	动检部门的抽查	0.747	0.754
4	环评的影响	0.786	0.842
5	科学选址的影响	0.791	0.763
6	无害化处理的影响	0.806	0.781
7	无害化处理的受惠度	0.786	0.892
8	资源化利用补贴的影响	0.916	0.932
9	规范化建设的受益度	0.918	0.928

为了确定量表的潜在构面，在项目分析之后，本节接着对养猪业环境规制对养猪户影响的数据进行了探索性因素分析。从表 6－6 中的分析结果发现，养猪业环境规制的 KMO 值为 0.768，卡方值达到 829.916，Bartlett 的球形度检验的概率为 0.000，球形检验结果达

表 6－6 环境规制对养猪户影响调查样本的效度检验

KMO 系数		0.768
Bartlett 的球形度检验	卡方值	829.916
	自由度（df）	15.000
	显著水平（Sig.）	0.000

到显著水平，代表母群体的相关矩阵间有相同因素存在，适合进行因素分析。

同时，根据表 6-7 中的因子分析结果可以看到，9 个测量条目一共有 2 个主成分累计解释变异量达到 72.996%，说明这 2 个公因子涵盖了原始数据 9 个变量所能表达的足够信息，可以很好地区分为 2 个维度，基本上符合研究假想。因此，上述 9 个项目确定为正式测量量表的测量项目。

表 6-7　环境规制量表的方差贡献率与累积方差贡献率

成分	初始特征值			旋转后特征值	
	特征值	方差的%	累积方差%	特征值	方差%
1	6.010	49.173	49.173	6.121	49.871
2	4.617	16.952	66.125	3.055	23.125
3	2.480	11.351	77.476		
4	1.112	6.010	83.486		
5	0.759	5.887	89.373		
6	0.229	3.547	92.920		
7	0.201	3.230	96.150		
8	0.196	3.202	99.352		
9	0.045	0.648	100.000		

接着，本节又进行了因素负荷量的检定，保留了共同性及因素负荷量大于 0.5 的项目。分析结果显示，各项目均达到了 0.5 的水平，具体结果如表 6-8 所示。

表6－8　　养猪业环境规制对养猪户影响负荷量检验表

测量项目	旋转后的因素矩阵	
	1	2
政府抽查的影响	0.829	0.234
违规惩罚的力度	0.893	0.443
动检部门的抽查	0.796	0.317
环评的影响	0.832	－0.158
科学选址的影响	0.836	0.212
无害化处理的影响	0.831	0.285
资源化利用补贴的影响	0.370	0.936
无害化处理的受惠度	0.391	0.722
规范化建设的受益度	0.294	0.815

结果显示，T_1、T_2、T_3、T_4、T_5、T_6 在因子 1 上的负荷较大，且测量项目涉及均是与养猪业命令规制型政策相关的内容，因此将其命名为“约束型环境规制”；T_7、T_8、T_9 在因子 2 上的负荷较大，且测量项目涉及的均是与养猪业经济激励型规制政策相关的内容，因此将其命名为“激励型环境规制”。这两个方面的因素较为全面地反映了当前养猪户所面临的各种规制政策影响，与文献回顾及本书所设想的养猪业环境规制影响的维度是一致的。

因此，本节最终确定了养猪业政府环境规制的全部测量项目，总共由9项组成，其中，约束型环境规制量表6项，激励型环境规制量表3项。接着，本节就量表再一次征询了相关专家的意见，专家对测量项目的基本内容给予了肯定，并要求对个别表述进行修改，本节在此基础上最终确定了测量量表的内容。

2. 量表的结构维度检验

本节对养猪业环境规制量表主要采用 Cronbach's α 系数对其进行信度检验，接着采用结果效度对量表进行效度检验。

从表 6－9 可以看出，量表的分量表和总量表的 Cronbach's α 系数均大于 0.7，说明量表的内部一致性较高。

表 6－9　　环境规制量表的内部一致性系数

分量表及所属因子名称	题目数	Cronbach's α 系数
约束型规制	6	0.763
激励型规制	3	0.912
总量表	9	0.821

接着，为了验证问卷的结构效度，我们采用 AMOSS22.0 进行了验证性因素分析。本量表验证性因素的各拟合指标见表 6－10。

表 6－10　　验证性因素分析结果

模型	x^2/df	GFI	AGFI	NFI	IFI	CFI	RMSEA
二维模型	1.929	0.905	0.81	0.83	0.953	0.952	0.046

结果表明，各项指标基本达到统计学标准，其中 $x^2/df < 3$，GFI、CFI、IFI 均大于 0.900，NFI 大于 0.080，RMSEA < 0.050，测量模型整体拟合良好，说明测量量表的结构效度较高。

6.2.2　环境规制政策对养猪户环境风险感知—环境行为关系调节效应的实证检验

1. 研究假说的提出及变量的测量

当前国外学者对政府规制的研究，更多集中在：①利用面板数据研究政府规制对于弥补市场失灵、提高资源配置的作用；②研究政府规制主要是激励机制对于促进农户环境友好型行为采纳的作用。而直接针对养猪业的研究还甚少。国内学者对于养猪业环境规制的研究则主要集中对国内外养猪业环境污染防治规制政策法规的梳理、分类及经验总结（陶涛，1998；韩冬梅等，2013；孟祥海，2014），总体来讲，理论研究偏多，而相对的实证研究则较少。主要的研究成果包括：虞祎等（2011）、周力（2011）利用面板数据，研究养猪业环境规制对于养猪业的生产布局及产业集聚的影响；王海涛（2012）研究了产业链组织、政府规制与养猪户安全生产决策行为的关系。而环境规制政策作为养猪户环境行为实施过程中最重要的情境因素，其是否会对不同的环境风险感知程度的养猪户环境行为产生正向地促进作用，还有待于进一步的证实。因此，本章将在研究养猪户的环境风险感知—环境行为关系的基础上，进一步探讨环境规制对二者关系是否存在促进或约束作用。

以往的研究表明，政策情境对意识—行为之间的关系存在着一定的调节作用。斯登（2000）、波尔亭加（2004）发现，情境变量在促进或者阻碍环境行为实施的过程中起到显著作用，当行为的实施有一定难度或较难实施时，其对心理变量的依赖就会减弱，其中情境变量主要涉及人际影响、社会规范、政令法规等。斯塔特斯等(2004)发现，社会压力等因素对个体的意识—亲环境行为关系存在着一定的调节作用。王建明(2012)通过对重庆、武汉、杭州三市的大样本现场调查研究发现，情境变量对低碳消费意识—低碳消费行为关系存在着一定的调节作用。

在养猪业环境规制政策的影响上，孟祥海等(2014)在对国内外养猪业环境规制政策进行梳理的基础上，将养猪业环境规制政策分为命令控制型规制政策和经济激励型规制政策。张郁(2015)实证研究了养猪业生态补偿政策对养猪户家庭资源禀赋—环境行为关系的调节效应，指出激励型环境规制政策对养猪户的环境行为存在一定的促进作用。

基于此，本节提出以下研究假设：

H_1：养猪业环境规制对于养猪户环境风险感知—环境行为关系存在着显著的调节作用。

根据上述研究假设，构建了养猪业环境规制对养猪户环境风险感知—环境行为关系影响的理论研究框架见图6-1。

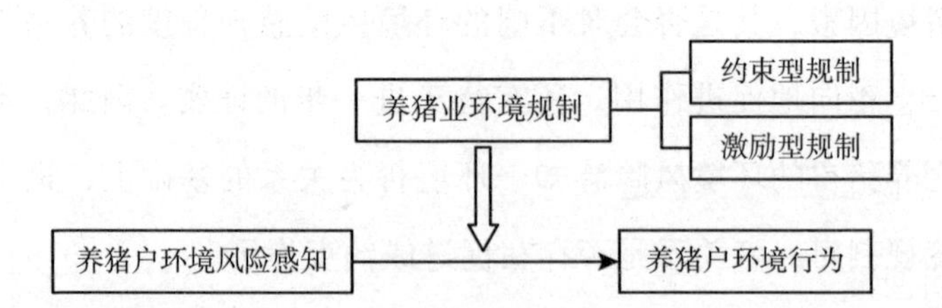

图6-1 环境规制对养猪户环境风险感知—环境行为关系调节作用的理论模型

2. 研究变量的测量

本章中对于养猪业环境规制的测量，主要从约束型规制和激励型规制两个维度进行测量。其中对约束型规制的测量主要通过询问养猪户对于“政府抽查的影响”“污染受罚的力度”“动检部门的抽查”“环评的影响”“科学选址的影响”以及“无害化处理的影响”的看法，按照“影响很小”“影响较小”“一般”“影响较大”“影响很大”从低到高依次赋值“1～5”。其中对激励型规制的测量主要通过询问养猪户对“资源化利用补贴的影响”“无害化处理的受惠度”“规范化建设的受惠度”的看法，按照“影响很小”“影响较小”“一般”“影响较大”“影响很大”从低到高依次赋值“1～5”。而养猪业的约束型规制和激励型规制均是将所有测量项目值相加后进行算术平均而转化得出。

本章中关于养猪户环境风险感知的测量见第4章，而关于养猪户环境行为的测量同第5章。

3. 环境规制对养猪户环境风险感知—环境行为关系的调节效应检验

本节检验环境养猪业规制政策对养猪户环境风险感知—环境行为调节作用的具体方法为：分别以命令约束型环境规制、经济激励型环境规制政策作为标准变量，以命令约束型环境规制、经济激励型环境规制政策均值作为分组标准，将样本分为两组，其中一组为环境规制政策高于均值，另一组为环境规制政策低于均值。在高组与低组中分别将自变量（养猪户环境风险感知各维度变量）对因变量（养猪户环境行为的采纳）进行多元有序Ordinal回归，比较不同组别系数的显著性变化来考察调节变量的作用效果。其中约束型环境规制政策对养猪户环境风险感知—环境行为关系调节作用的具体回归结果如表6－11所示。

表 6－11　　政府约束型环境规制对养猪户环境风险感知—环境行为关系的调节效应

变量	低组		高组	
	系数	标准误差	系数	标准误差
养猪污染所带来的罚款影响	0.426**	0.521	1.245***	0.341
猪场污染引发与周围民众冲突	0.569*	0.104	0.865**	0.356
猪场污染加剧疫病传播	0.058	0.421	0.128	0.586
土壤污染	0.125	0.249	1.256**	0.255
水体污染	0.235**	0.004	0.321**	0.189
大气污染	0.561	0.326	0.785	0.126
猪场未能合理选址	0.089*	0.512	0.359*	0.512
猪场未实施标准化建设	0.623	0.521	0.854	0.158
粪污未能进行有效处理和利用	0.836**	0.265	1.562**	0.482
投入品未能进行合理规范使用	0.432	0.156	0.813	0.621
病死猪未能进行无害化处理	0.426	0.521	0.852	0.356
受教育程度	0.239	0.025	0.356	0.107
参加养殖培训数量	0.487*	0.135	0.725*	0.195
参加养殖合作社	0.125*	0.328	0.425**	0.356
养殖规模	0.032**	0.257	0.337**	0.436
养猪收入占家庭收入比重	1.235***	0.356	3.215***	0.312

注：*、** 和 *** 分别表示通过了10%、5%和1%统计水平的显著性检验。

表 6－12 所显示的则为养猪业激励型环境规制政策对养猪户环境风险感知—环境行为关系调节作用的具体回归结果。

表 6－12　政府激励型环境规制对养猪户环境风险感知—环境行为关系的调节效应

变量	低组		高组	
	系数	标准误差	系数	标准误差
养猪污染所带来的罚款影响	0. 296	0. 125	0. 425	0. 263
猪场污染引发与周围民众冲突	0. 529	0. 156	0. 523 *	0. 442
猪场污染加剧疫病传播	0. 215 *	0. 156	0. 567 **	0. 452
土壤污染	0. 245 *	0. 626	0. 761 **	0. 246
水体污染	0. 213 ***	0. 621	0. 852 ***	0. 245
大气污染	0. 326	0. 412	0. 385	0. 127
猪场未能合理选址	0. 236	0. 321	0. 426	0. 245
猪场未实施标准化建设	0. 359 *	0. 025	1. 012 **	0. 375
粪污未能进行有效处理和利用	0. 251 **	0. 521	1. 362 **	0. 326
投入品未能进行合理规范使用	0. 421	0. 714	0. 816	0. 201
病死猪未能进行无害化处理	0. 133 *	0. 345	0. 423 **	0. 426
受教育程度	0. 213	0. 256	0. 521	0. 256
参加养殖培训数量	0. 624 *	0. 345	0. 856 **	0. 256
参加养殖合作社	0. 662	0. 421	0. 782	0. 180
养殖规模	0. 932 **	0. 257	0. 337 **	0. 436
养猪收入占家庭收入比重	1. 132 ***	0. 412	3. 852 ***	0. 356

注：* 、** 和 *** 分别表示通过了 10% 、5% 和 1% 统计水平的显著性检验。

4. 回归结果分析

（1）养猪业约束型环境规制对养猪户环境风险事实感知中土壤、水体污染感知—环境行为关系通过了 5% 的正向显著性检验。养猪户对养殖所造成的周围土壤、水体污染感知程度越高，对养猪业的规制政策理解度就会越高，越可能会采纳环境行为。而养猪业环境规制对养猪户大气污染感知—环境行为关系的调节作用则未能通过显著性检验。这可能与当前养猪户对生猪养殖造成的大气污染认识度以及规制政策中气体排放标准不够具体相关。

（2）养猪业约束型环境规制对养猪户环境风险损失感知中养殖污染所导致的罚款影响感知和与周围民众冲突影响的感知—养猪户环境行为关系分别通过了1%和5%的显著性检验。养猪业约束型环境规制政策主要是通过罚款和政府抽查、村民举报等手段实现对养猪污染行为的管控，因而能提高养猪户的环境风险意识，促进养猪户环境行为的更多采纳。而养猪户对养殖污染导致的疫病传播影响感知—环境行为关系的影响则未能通过显著性检验，其原因还有待于后续的进一步研究。

（3）养猪业约束型规制对养猪户环境风险原因感知中猪场未能合理选址的感知—环境行为关系通过了10%的正向显著性检验，粪污未能进行合理有效使用感知—环境行为关系通过了5%的正向显著性检验，而对养猪户其他环境风险原因感知—环境行为关系则调节作用则不显著。这可能是由于在当前环保部门对约束型规制政策执行过程中更多抽查的是猪场选址是否符合养殖区域规定以及猪场粪污的利用状况，因而养猪户对于这些环节的环境风险原因感知程度较高，担心因此而受到处罚，因而对其环境行为采纳的影响也越大。

（4）养猪业激励型规制政策对养猪户环境风险事实感知中土壤污染感知、水体污染—环境行为关系的调节效应通过了正向显著性检验。这是由于养猪业经济激励型环境规制政策较多的是针对养猪业所造成的土壤、水体污染的奖励性措施，而对于大气污染的奖励则较少提及，因而导致养猪户对生猪养殖所造成的土壤、水体污染感知程度越高，越可能采纳环境行为。

（5）养猪业激励型规制政策对养猪户的环境风险损失感知中养殖污染导致疫病传播的影响感知—环境行为关系的调节效应通过了正向的显著性检验。这可能是由于一方面激励型规制政策中较多涉及养殖过程的疫病传播补贴；另一方面，环境污染引发疫病传播直接关系到养猪户的经济利益，因而养猪户对猪场污染加剧疫病传播的感知程度越高，越可能采纳环境行为来争取更多的生态补贴。

（6）养猪业激励型规制政策对养猪户的环境风险原因感知中猪场未能进行标准化建设、粪污未能进行资源化利用、病死猪未能进行无害化处理的感知—环境行为关系的调节效应均通过了5%的正向显著性检验。这是因为在养猪业经济激励型规制政策中对养猪户环境行为的补贴范围主要集中在粪污处理设施如沼气池建设补贴、粪污资源化利用以及病死猪的无害化处理等环节。养猪户对这些环境风险原因的感知程度越高，则越可能更多地采纳环境行为，而激励型规制政策对养猪户其他方面的环境原因感知—环境行为则关系则未能通过调节效应的检验，这可能是因为政策包含的补贴较少涉及投入品的规范使用以及科学选址等方面。

6.3　政策建议

基于以上回归分析结果，本章特提出以下政策建议：

（1）加强对生猪养殖所造成的环境风险宣传，提高养猪户环境风险感知，与此同时还应加强对猪场周围民众环境风险的宣传教育，从而更好地发挥周围民众对猪场排污的监督作用。

（2）进一步完善对投入品规范使用的奖罚措施，实施对猪场科学选址的奖励制度，加大对猪场未实施标准化建设的整改和检查工作，多管齐下，全面完善对生猪养殖全过程风险的管控，加强养猪户环境行为奖惩制度的实施。

（3）畜牧环境管理部门进一步加大对猪场周围土壤及空气质量的抽检及实时监测。

（4）政府在养猪业环境风险防控的过程中，应更加注重对养猪户环境行为的经济激励，加大对养猪户环境行为生态补偿的力度。

6.4 本章小结

养猪业环境规制政策作为养猪户环境行为实施过程中最重要的情境因素，对养猪户感知—行为之间关系可能存在一定的促进或约束作用。因而，有必要在考察环境风险感知对养猪户环境行为影响的基础上，对养猪业环境规制政策的调节效应进行进一步的验证。因此，本章在对我国养猪业环境规制政策进行梳理的基础上，将其划分为约束型政策和激励型政策，接着结合深度访谈和问卷调查的结果，设计出养猪业环境规制的测量量表，并对量表进行了信效度检验。最后，在前一章实证分析的基础上，运用层次回归分析法系统分析养猪业环境规制对于养猪户环境风险感知—环境行为之间关系的调节效应，并比较了不同的规制政策调节效应的差异。

结果表明：

（1）养猪户约束型规制对环境风险事实中猪场污染加剧疫病传播感知、猪场污染引发与周围民众冲突的感知—环境行为关系调节作用显著。养猪业激励型环境规制仅对于猪场污染加剧疫病传播的感知—环境行为关系的调节作用显著。

（2）养猪业约束型规制和激励型规制政策均对养猪户环境风险损失感知中土壤、水体污染感知—环境行为关系有显著性的调节作用。

（3）养猪业约束型规制和激励型规制政策均对养猪户环境风险原因中粪污未能进行资源化利用的感知—环境行为关系的调节效应均通过了正向显著性检验，养猪业激励型规制对于未能进行标准化建设感知、病死猪未能进行无害化处理感知—环境行为关系的调节作用也通过显著性检验。

总之，约束型环境规制对养猪户环境风险事实感知—环境行为关系的调节作用较之激励型环境规制更显著，而激励型环境规制对养猪户环境风险原因感知—环境行为关系的调节作用则较之约束型规制更为显著。

第 7 章

国外环境规制政策防范养猪业环境风险的经验借鉴

前面一些章节主要探讨了我国养猪业发展过程中所造成的环境风险现状，当前养猪户的环境风险感知水平、环境行为实施情况以及我国养猪业现行的环境规制政策影响，对我国养猪业的环境风险防治现状有了一个大体的认知。为了能更好地就我国养猪业环境规制政策完善提出可行性和针对性更强的建议，本章将以国外养猪业环境规制为研究对象，探寻其促进养猪户环境行为采纳的经验和做法，并在此基础上，阐述国外经验对我国养猪业环境风险防治的启示。

7.1　国外环境规制政策防范养猪业环境风险的经验

自 20 世纪 50 年代以来，发达国家开始大规模将畜牧养殖场布局在城镇郊区，进行规模化生产，因此而产生大量难以贮存、处理和利用的畜牧粪便及污水，导致畜禽废弃物污染问题十分严重（韩冬梅等，2013）。20世纪60年代开始，部分发达国家开始采用环境规制政策对畜禽污染加以干预，对于养猪户环境行为的采纳起到了很大的促进作用，在环境风险的防治和管控方面取得了很大的成效。

7.1.1　美国

美国养猪业的特点是高度的规模化和专业化，美国规模在5 000头以上的养猪场饲养着全国55%的生猪，在猪场管理上，美国从拌料、投料到清扫都已经实现了机械化（韩冬梅等，2013）。但与此同时，美国的养殖业与农业污染导致3/4的河流和小溪、1/2的湖泊污染（张美华，2006），养殖业污染成为美国最大的环境治理问题。

在严峻的养猪业污染问题面前，美国制定了严格细致的养猪业环境规制政策，政策涉及猪场建设、饲料管理和疫病控制等多方面，包含经济刺激、产业优化等多方面的内容。到目前为止，美国的养猪业防治体系基本成熟并且已经取得了较好的成效。

美国养猪业环境规制政策具有以下特征：①环境污染管理政策体系化。美国养猪业环境污染防治法规由联邦政府制定的《净水法案》《联邦水污染法》和州、地方制定各级法规构成，联邦政府立法对畜牧业环境污染防治进行概括性陈述，州一级立法对其制度化，地方市县一级对其具体明细化，形成了“联邦—州—地方”三位一体式的畜牧业环境污染管理体系（孟祥海，2014）。②细致严格的环境规制法案。1972年的《清洁水法》提出，建立国家污染物排放消除制度，规定任何排入美国天然水体的点源都必须获得由环境保护署或得到授权的州、地区、部落颁发的排污许可证，否则即为非法。每个排污许可证上都包含一系列目前最佳可用技术的排放限值和达到标准的最后期限。而在畜牧养殖业的污染上，根据畜禽养殖的数量，美国将畜禽养殖业造成的污染按点源与非点源分别进行治理。1977 年的《清洁水法》明确规定养殖规模达到 1 000 个畜牧单位以上（折合为 1 000 头肉牛、700 头奶牛、2 500 头肉猪等），并将污染物直接排放到水体中的畜禽污染定义为和工业污染一样的点源污染。③注重规制政策的执行和落实。针对养猪业当前最困难的非点源污染，美国也采取了较为有效的措施。联邦政府是污染防治计划的统一协调者，各州政府在联邦政府的资助下结合本州的治理经费对本州的畜禽养殖污水引起的非点源污染进行环境评价影响与污染物监测并形成书面的评价与监测报告提交联邦政府，然后由联邦政府统一制订水污染管理与防治计划，由各州政府负责防治计划的具体贯彻落实，最终保障畜禽养殖非点源污染防治计划的实现。

与此同时，美国养猪业环境规制政策还注重以下几方面的工作：①严格养猪业环境准入标准。在环境准入标准上，美国《联邦水污染控制法》规定：存栏量在 1 000 头以上的规模化畜禽养殖场必须获得环境保护署颁发的排污许可证才能建立，并严格执行国家环境政策法案；存栏量在 300 ~ 1 000 头的畜禽养殖场的污水排放方式需经过环境保护署许可并需报相关部门备案；存栏量在 300 头以下的畜禽养殖场可以不经过审批。②对养猪业的生产规模进行一定的限定，鼓励适度规模化。美国在 1972 年颁布的《联邦政府净水法案》

及之后的《企业污染物排放制度》对畜牧业生产规模给予了严格的界定。③提供高额的养猪业财政补贴。目前美国养猪业的财政补贴包括：税费补偿、财政拨款补偿以及养殖污染环境责任保险补偿等。其中，税费补偿指的是对养殖场产生的废弃物征收废物税的补偿；财政拨款补偿指的是设立专项资金支持生猪养殖污染治理；而养殖污染环境责任保险补偿则指的是通过环境投保的方式，由保险公司运作强制环境责任保险等（陶涛，1998）。另外，美国养猪业环境管理投入结构以引导性和激励性资金为主，依靠具体项目完成资金投放。美国2002年实施的《新农业法》中用于帮助畜牧生产者改善环境的环境质量激励计划中，政策承担最高可达90%的环境保护费用分摊率（孙茜，2007）。2007年，美国得到政府直接补贴的农场占到总农场数量的40.3%（陶涛，1998）。④鼓励农牧结合。美国大部分农场都是农牧结合型的，从种植制度安排到生产、销售等各个方面都十分重视种植业与养殖业的紧密结合，种植业的结构会根据养殖业规模进行调整，养猪场的粪便一般会通过输送管道归还农田或是对粪便进行干燥加工制成有机肥，很好地避免了环境污染。

7.1.2　加拿大

加拿大的耕地资源和草地也较为丰富，能够为养猪业的发展提供优越的自然条件。与此同时，加拿大很好地吸取了20世纪30年代对耕地过分耕种导致生态破坏的教训，在养猪业污染防治上结合本国国情，多管齐下，积极采取措施加强环境规制，促进养猪户环境行为的采纳，处理好养猪业发展和生态环境之间的关系。

（1）通过严格细致的立法进行畜禽养殖业前期的污染防控和管理。在畜禽污染的立法方面，加拿大政府尤其注重畜禽养殖场建设的管理，要求各省部都必须建立严格的畜禽养殖业环境管理技术规范，对养殖场的选址及建设、畜禽粪便的储存与土地使用均进行了严格的规定。这些规定包括：①在养殖场的选址及建设方面，新建或扩建的畜禽养殖场必须经过市政主管部门的审批，养殖场的空间布局要合理，加拿大各省要求养殖场必须远离城镇和村庄 800 米以上。如果养殖场未达到最小间隔距离则不能通过审批，通过审批的养殖场则要求同时提供污染防治计划；计划当中要包含畜禽养殖场如何处理畜禽粪便以及如何治理养殖污染等具体措施。为了防止污染和臭气散发，粪池容积则应当根据养殖规模而设计，要求粪池能贮存 400 天左右的粪污量。②养殖场总排粪量必须与配套农田的消纳能力大体一致。加拿大政府采用计算机管理，按照每公顷土地最多施用 30 头育肥猪粪便的要求，要求所有的养殖场粪便总量必须与配套的土地面积相平衡，并且能保证养殖场所产生的粪污在直径 10 公里的土地范围内使用完。如果养殖场没有充足的配套土地来消化产生的粪便，就必须与其他农场签订使用粪便合同，以确保产生的粪污能全部消纳。

（2）对粪肥撒播等环节所造成的污染也制定了非常具体的指标。加拿大政府规定，畜禽粪便的施撒次数必须根据养殖数量的大小而定。养殖场生猪的养殖规模小于 30 头则可以随时将粪便施撒在土地上；规模在 30 ~ 150 头则要求每隔一周施撒一次；规模在 150 ~ 400 头则要求每半年才能施肥一次，并要求将粪便存储于贮粪池；

养殖规模超过400头则一年只能向土地施肥一次，并要求配置容量相当的粪便处理设施（戴旭明，2000）。

（3）通过积极的财政支持和经济激励措施来鼓励养猪户环境行为的采纳。加拿大通过建立成熟的有机肥售卖市场，以经济利益来刺激养殖户环境行为的实施。以一个年产 6 000 吨猪粪的养猪场为例，若粪污不经处理送给其他农场则需要承担每吨 1.7 加元的运费，这样养猪场年损失将超过 1 万加元。但若经过堆肥处理，可获取3 500 ~ 4 000 吨商品肥，按照加拿大所规定的市价出售，可获取销售款 12.25 ~ 14 万加元，扣掉每吨粪肥的加工费用 5.1 加元，还能获取 7.1 ~ 8.9 万加元的利润额（戴旭明，2000）。丰厚的收益使得加拿大的养猪户能够以更大的热情进行有机肥制作和售卖，而不会随意丢弃粪污。

（4）注重发挥行业协会的作用，鼓励行业协会提供环境保护信息、推广和普及畜禽养殖环境保护技术，培养养殖户环境法律意识，引导养殖户实施健康、清洁的养殖方式。

（5）将环境规制政策与执行紧密结合起来，政策实施效果也进行严格的把关。加拿大政府每年都会去养殖场取深井水样检查粪污对水体的污染情况，如果畜禽养殖场违反规范要求甚至造成环境污染事故，将由加拿大的地方环境保护部门依据《联邦渔业法》及本省的有关法规的有关条款对产生的污染事故进行处罚（刘炜，2007）。

7.1.3　欧盟国家

欧盟的养殖业主要都是采用农牧结合的方式，集约化程度不高，养殖规模一般不大，出现养殖业集中排放现象较少，因此，欧盟将养殖业所形成的污染定义为非点源污染。

欧盟畜禽养殖环境规制的经验包括：①完善的法律法规体系，欧盟一般以指令和条例形式确定各成员国必须满足的污染防控目标。如 1980 年颁布了《饮用水指令》，1991 年颁布了《硝酸盐指令》、1992 年颁布了《农业环境条例》，确定了饮用水中污染物的浓度标准，要求各成员国必须采取行动控制动物粪肥和无机肥料使用导致的污染。20 世纪 90 年代颁布的《环境法》对畜禽废弃物的排放标准、养殖污染物的监测、生产设施与污染防治设施的配置等也做了详细的规定（孙丽欣等，2012）。政策范围涉及多个方面，内容细致，可操作性强。②强化畜禽养殖的过程管理。欧盟规定在畜禽养殖场选址与建设之前，要有专门的畜禽养殖评估机构对养殖场的空间布局与内部构造，养殖场的经营成本与风险，养殖行为对生态环境的影响等情况进行数据统计与图表展示，并对不同的环境风险区域予以标示。对畜禽场固液废弃物化粪池的容量进行规定，要求其至少可存储 6 个月的固液废弃物；同时对化粪池建造进行规定，要求密封性好，不会产生径流和侧渗。在养殖过程中，规定养殖场应根据畜禽饲养情况、废弃物排放情况以及污染治理情况对养殖行为进行适当的调整，对污染严重的养殖场要求予以关闭或迁移。③适度的产业限制政策。欧盟为了减轻区域粪污消纳压力，对于区域养殖结构和规模进行限制，鼓励粗放式畜牧养殖，对每公顷载畜量标准、用于农用的畜禽粪便废水限量标准和圈养家禽的密度均进行了详细的规定。④鼓励有机肥的使用。1991 年欧盟实施的《欧盟有机农业和有机农产品与有机食品标志法案》规定有机农产品的种植必须使用适度的有机动物源肥料，只有当有机肥料不能满足时，才补充其他肥料。该法案的推行有效地推动了欧盟国家采用先进处理加工技术将畜禽粪便加工成为符合有机食品标准的有机肥，促进了畜禽粪便的资源化利用（朱宁等，2011）。

在欧盟成员国家，每个国家都根据各国的实际情况，对养猪业的环境规制政策进行了进一步的细化。

德国在养猪业污染防控上强调严格的管控和规定，对集约化畜禽养殖场建设前需要经过严格审批，管理严格程度甚至超过对工业的管理。对畜禽养殖场粪肥中氨、磷、硫的年生产总量进行严格的限定，甚至要求必须在冬季减少畜禽存栏量以适应环境容量的季节变化（苏扬，2006）。德国尤其注重畜禽粪便对水体的污染，规定畜禽粪便不经处理不得排入地下水源或地面，凡是与供应城市或公用饮水有关的区域，每公顷土地上生猪的饲养量应控制在 9 ~ 15 头。

荷兰在养猪业环境规制上的举措包括：①强调从国家宏观层面严格地控制养殖规模。在综合考虑全国的国土承载力、环境承载力、消费水平及养猪技术水平的基础上，荷兰从 1984 年开始规定，全国存栏母猪的数量为 120 万头，年出栏肥猪为 1 000 万头，仔猪为 1 500 万头。同时还规定，母猪饲养者必须花 450 欧元从政府购买生产许可证，若全国的 120 万头母猪总指标用完，则其他的养猪户只能通过从现有的种猪场获得转让证明才能从事生产。同时还通过立法规定了每公顷只能饲养 25 个畜单位，超过该指标农场主必须缴纳粪便费，草地的畜禽粪便氮施用限制标准为 250kg. hm^{-2}，而耕地的使用限制标准为 170 250kg. hm^{-2}。猪场的建设要按照国家指定的区域建设，申报猪场建设要出具完整的粪污处理设施购买订单。②实行严格的粪污还田管控。荷兰规定养殖场排污必须还田，由作物或牧草种植户用专用车将排泄物收走，排泄物要灌压到耕作土地内30厘米以下，或经发酵处理进行还田，同时养殖场还必须提供排污接受方的证明，以防粪污处理谎报现象。根据土壤类型和作物情况，政府还规定畜禽粪便每公顷施入土地的量。③完善的粪肥管理与交易制度。1998年以后，荷兰政府开始执行矿物元素统计报告，实施将粪便排泄量与税费缴费相挂钩的政策，防止养猪户随意排放粪污的现象。同时，政府还开发了一套粪肥交易系统，农民可以通过这个系统卖出或买入粪肥处置权。④注重对粪污处置设施及运行等环境行为的补贴。荷兰专门针对多余粪肥运送缺肥区，实施一定的运输补贴，对于建立粪肥加工厂和用于低氨散发的畜舍建设给予一定的税收优惠和补贴。

法国的养猪环境规制政策，主要关注的是猪场污染物质排放标准的制定，确定了养猪场污染物质的剩余量排放到自然环境的标准（主要是以70千克的生猪为例），规定猪场COD每天最大排放量为35克；BOD每天最大排放量为5克；TSS每天最大排放量为3克。

丹麦政府在充分考虑寒冷气候对畜禽粪便贮存使用的影响基础上，根据本国的气候状况对畜禽粪肥的还田利用标准作了详细规定（环保部《畜禽养殖污染防治最佳可行技术指南》编制组，2011）。丹麦养猪业的环境规制政策涉及到养殖场的日常管理、排放指标、粪肥处理方式、兽药与饲料管理以及环境行为补贴等多个方面。在畜禽养殖场的日常管理方面，丹麦法律规定要严格按照安全标准对畜禽养殖机械与设备机械进行操作，定期记录畜禽生产、加工、销售粪尿处理情况。在粪肥的排放指标和处理方式上，丹麦政府规定了畜禽最高密度指标，并据此确定每公顷土地可容纳的粪便量，规定在裸露土地使用粪肥，必须在12小时内将其犁入土壤中，在冻土或有冰雪覆盖的土地上则不得使用粪肥；同时丹麦政府还规定每个农场的粪便容纳能力至少包含9个月产生的粪便总量。在兽药与饲料管理方面，法律规定要尽量减少抗生素的使用，防止非法添加剂的使用及兽药残留。在畜禽养殖的补贴方面，法律规定按照畜禽养殖场的养殖数量与养殖面积的比率给予补贴，对于为动物的健康提供较高福利的养殖者会按照成本支出的比例一年内给予每个畜牧单位不超过500欧元的补贴。

7.1.4　日本

日本由于人口稠密，畜禽养殖一度成为“畜产公害”，造成了严重的环境污染。自20世纪70年代开始，日本采取了一系列环境规制政策来促进养猪户环境行为的采纳。

日本所实施的主要举措包括：①注重畜禽污染防治和管理相关法律的制定，从法律层面对畜禽污染防治和管理做出了明确的规定。日本是在畜禽污染防治方面立法最多的国家，从20世纪70年代开始，相继制定了《废弃物处理与消除法》《防止水污染法》和《恶臭防止法》等7部法律，直接针对畜禽污染防治的法律则有《废弃物处理与消除法》《防止水污染法》和《恶臭防止法》。其中，《废弃物处理与消除法》主要涉及畜禽粪便的处理方法介绍，规定在城市规划地区，畜禽粪便必须经过处理，处理方法有发酵法、干燥或焚烧法、化学处理法、尿液分离以及采取相应设施进行处理等。《防止水污染法》规定了规模畜禽场的污水排放标准（主要指的是养殖规模超过2 000头的养猪场或养马场以及800头以上的养牛场），具体包括：BOD和COD日平均质量浓度为120mg. L^{-1}，上限值为160mg. L^{-1}，固体悬浮物（SS）日平均质量浓度为150mg. L^{-1}，上限为200mg. L^{-1}，氮的允许质量浓度上限制为129mg. L^{-1}，日平均浓度为60mg. L^{-1}，磷的允许质量浓度上限制为16mg. L^{-1}，日平均浓度为8mg. L^{-1}（武淑霞，2005）。而《恶臭防治法》中则主要规定了畜禽粪便的气味标准，明确规定畜禽粪便产生的腐臭气中8种污染物的浓度不得超过工业废气浓度。②严格新建养殖场的审批手续。日本的《水污染防治法》规定猪舍、牛棚和马厩面积分别为50m^2、200m^2和500m^2以上且在公共用水区域排放污水的畜禽养殖场，需在都道府县知事处申报设置特定设施（张彩英，1992）。③实行环境行为鼓励政策，日本养殖场环保建设费50%来自国家财政补贴，25%来自都道府县，农户仅需支付25%的建设费和运行费用（环保部《畜禽养殖污染防治最佳可行技术指南》编制组，2011）。同时，日本政府农林水产省也出台了相关的行政管理措施来保护畜产环境，其中包括：在经济上资助有助于改善和保护畜产的事业，如环境对策研究、环境改善及环境设施建设等事业；为畜产环保事业建立良好的融资机制，畜禽养殖场的粪便处理设施所需资金可申请到免息贷款；为畜禽养殖场环保设施采取减轻课税标准和减免不动产所得税等。

7.2 对我国的启示

通过对上述国家利用养猪业环境规制政策防治环境风险的经验进行分析，各国采取的措施主要涉及以下一些方面：注重养猪业污染防治立法，制定细致的各阶段污染防治指标，注重养殖业的准入控制和养殖规划，注重农牧结合以及加大对养猪业污染防治行为的生态补偿力度等。

当前我国养猪业在迅速发展的同时也给农村环境带来了严重的污染，成为当前社会关注的焦点问题。我国养猪业良性发展亟待完善养猪业的环境规制促进养猪户环境行为的实施。结合前文的分析，可以得出以下几点启示：

（1）完善养猪业污染防治的法律法规，强化法规的可操作性和执行力度。发达国家在生猪养殖污染控制方面普遍都建立配套的政策、法律、标准以及各项行动计划，地方政府则在具体措施方面规定得更为严格和具体。而我国的相关法律还不健全，很多省市养猪业的污染防治法则都比较粗放，仅在养猪业的污染治理方面有原则性规定，缺乏具体的环境标准和排放标准。很多的地方养猪业污染防治法规对不同区域的粪肥施撒以及用量均没有要求，可操作性较差。因此，我国各区域在养猪业污染防治法规的制定上，应对清粪技术、粪污的贮存等粪污处理技术及排放标准制定具体的标准，加大法规的可操作性。加大当前养猪业污染的惩处力度和猪场的抽查频率，切实发挥当前污染防治法规的震慑力。

（2）按养殖规模进行分类管理，合理进行地区养殖规划。发达国家对畜牧养殖业污染控制大都会按照其养殖规模来定义污染性质和管理计划。如美国将一定规模以上的养殖点作为点源污染进行管理，要求实现连续达标排放，而针对面源污染按国家养殖业防治规划建立各级政府的非点源污染管理计划，完善非点源的监测、普查和评估体系。我国养猪业也应按照养殖规模，将其污染类型按点源污染和面源污染分开管理，针对不同性质的污染类型制定相关的政策和管理规划。另外，我国养猪业应进行合理的地区养殖规划，各地区应结合当地的植被资源、农田面积、土壤肥力、人力资源以及种植结构等情况综合规划地区载畜量，确定养猪业规模，科学划定禁养区、限养区和发展区，从总量上控制养猪业在区域范围内造成严重污染。

（3）建立严格的猪场环境准入机制，从源头上对养猪业污染进行防控。要求猪场建设严格遵守环境影响评价制度以及畜禽准入制度，严格按照养殖规模进行配套粪污处理设施的建立，从源头上对污染进行防控。

（4）完善农村土地流转制度和粪肥交易制度，鼓励畜禽粪便资源化利用。发达国家一般会鼓励养猪场对生猪粪便沼气化、酸化或沉淀后，再利用生物塘或土地处理系统进行末端处理。因此，我国各行政区域应结合实际制定猪粪处理和沼液、沼渣利用等综合利用技术规范；完善农村土地流转制度，倡导养猪户主通过流转土地，将粪污进行合格处理后就近还田使用。制定粪肥交易制度，鼓励养猪户在对粪肥通过堆肥等技术处理后干燥制作有机肥，来向种植业提供优质高效的有机肥源，使得养猪户能从粪肥交易获取丰厚的利润从而促进其粪肥资源化利用的积极性。

（5）加大对养猪业污染防治的财政支持和投入，加大对养猪户环境行为生态补偿的力度。养猪业的环境污染治理仅仅依赖企业和农户的积极性是远远不够的，强调治理工程的经济效益同样也很重要。加拿大安大略省在养猪业污染防治上实施养殖场环保设施补贴，日本对养猪业实施财政补贴、融资支持和税收优惠政策等支持养猪户环境行为的采纳。因此，我国也应该采用激励和奖励的手段加大对养猪业环境污染治理的支持力度，具体来讲，应利用信贷、补贴等优惠政策，鼓励养猪户的沼气设施建设和猪场的标准化建设和改造，对采用生态养殖等清洁生产技术的养殖业主给予补贴；对粪污处理设施的运行费用以及多余粪肥的运输给予一定的补贴政策。

（6）各级政府应高度重视养猪业环境风险的防控，加强对养猪业污染防治的宣传教育，注重养猪户环境保护意识的提高。养猪业的污染防控，首先需要政府部门高度重视，将养猪业的污染防治与制定养猪业发展规划和促进养猪业规模发展放在同等重要的地位。其次，养猪户树立生态养殖观念是当前养猪业环境风险防治的重要前提，而鉴于当前我国养猪户普遍文化程度较低，对新技术、新思想的掌握程度较低等现状，政府应充分发挥宣传作用，借助多渠道多手段对养猪户进行环境保护及粪污处理技术的宣传教育。

（7）加强养猪业污染的信息化管理。开展畜禽污染现状的调查，完善各地畜牧业环境信息化管理系统，为更好地进行环境监控工作提供基础。建立多渠道的信息收集机制，为建立科学化的管理程序提供依据。

第8章

研究结论及研究展望

前7章在明确选题缘由与理论框架的基础上，首先认真梳理了我国养猪业发展现状及所造成的环境风险问题，以湖北省这一生猪养殖大省为例对其土壤、水体的环境承载状况以及温室气体排放状况进行测算并总结出其污染特征，验证了当前养猪业的严峻环境风险状况。接着基于意识—情境—行为理论，根据湖北省规模生猪养殖户的调研数据，对养猪户的环境风险感知现状，环境行为采纳现状进行了描述性统计分析，并在此基础上研究了养猪户环境风险感知的影响因素以及养猪户环境风险感知对其环境行为采纳的影响机制；然后本书对我国当前养猪业的环境规制政策进行了梳理，并运用调研数据对环境规制政策对养猪户环境风险感知—环境行为关系的影响进行了较为深入的研究；最后基于实证结果，并结合国外先进经验，提出了提高我国养猪户环境风险感知及促进其环境行为采纳的对策建议。而本章则是全书的终结，将主要涉及三个方面的内容：一是对前面章节的分析进行系统总结，归纳整篇论文的观点和最终结论；二是结合自身研究经历，对本书所存在的局限性和不足之处进行归纳；三是展望下一步的研究方向及改进之处。

8.1　研究结论

（1）我国养猪业在快速规模化和发展的同时，环境风险问题日益凸显。基于环境承载力理论的实证分析表明，养猪业的土壤环境承载压力和氮素、磷素单位负荷承载程度以及水体承载压力都已经超标严重。相较于土壤环境承载压力，水环境超载已经成为当前养猪业的首要环境约束。养猪业的温室气体排放呈现出逐年上升的态势，成为碳排放的重要来源之一。

改革开放以来，我国养猪产业发展迅速，成为农业和农村经济发展中的支柱产业。近年来我国生猪养殖的规模化程度在不断的提高，成为农村环境污染的主要来源之一，给土壤、水体和大气带来了严重的污染。本书基于环境承载力理论，以湖北省这一生猪养殖大省为例，对养猪业所造成的环境风险特征进行归纳总结。结果发现：从湖北省全省的范围来看，无论是从畜禽的粪尿量还是总氮量和总磷量，生猪在畜牧业中均是居于首位，对环境的影响最大。在土壤承载方面，湖北省17个市级区域中土壤承载压力达到5级预警标准的有4个，4级预警标准的有5个，只有2个地区土地承载压力较小，但承载压力均已经达到警戒线，具体来讲，湖北省绝大多数地区的土壤氮素单位负荷已经严重超标，其中江汉平原地区最为严重，只有4个地区未超标。而磷素单位负荷超标的地区则达到11个。在水环境承载压力，水环境承载整体超载的现象更为严重，整个湖北省只有咸宁市、恩施自治州和神农架林区3个地区的水环境承载未超标，其中咸宁和恩施地区已经接近超标的临界点，水环境承载压力最大的区域为随州市和孝感市，分别超载14倍和12倍；其他的地区也存在着2～9倍不等的超载。水环境承载压力成为养猪业健康发展的首要约束。在温室气体的排放上，湖北省养猪业的碳排放整体呈现出逐年上升的趋势，十年内上升的比例达到39.2%。湖北省养猪业在整个畜牧业碳排放总量所占的比例约1/3，成为畜牧业碳排放气体的重要来源。

（2）我国养猪户的环境风险感知程度整体偏低，其中养猪户的环境风险损失感知相对最高，而养猪户环境风险原因感知则相对最低。养猪户的环境风险感知主要受到个体及经营特征、经济成本因素以及情境因素的影响。

通过对环境风险感知结构维度的理论性探索分析，将养猪户的环境风险感知主要分为养猪户环境事实感知、环境损失感知、环境原因感知三个维度。在理论分析和深度访谈的基础上，设计了养猪户环境风险感知的测量量表，并对其信效度进行检验并确立正式量表。通过对湖北省规模养猪户实地调研数据的描述性统计分析结果显示，养猪户的环境风险感知总体程度偏低。其中，环境风险损失感知程度相对最高环境风险原因感知程度，则相对最低。具体来讲：①在养猪户的环境风险事实感知方面，养猪户对养猪所带来的外围表面环境变化的感知程度最高，养猪污染带来疫病加剧的风险次之，与周围民众发生冲突的风险感知最低。②在养猪户的环境风险损失的感知上，养猪户对水体污染的感知程度最高，大气污染最低，土壤污染的感知居中，这可能是由于公众对风险损失的感知更多地依赖于直观印象。③在养猪环境风险原因的感知上，养猪户对于猪场粪污处理设施建立重要性的认可度最高，而对于病死猪的无害化处理重要性的认可度最低，猪场的合理选址、投入品的合理规范使用认可度次之。

通过建立多元线性回归模型，进行回归分析后发现，养猪户的环境风险感知主要受到个体及经营特征、经济成本因素以及情境因素的影响。其中，在个体特征和经营特征方面，养猪户的养殖培训数量、是否加入养殖合作社、猪场规模、养猪收入占总收入比重显著影响其环境风险感知的程度。在环境态度方面，养猪户对粪污资源化利用和粪污处理设施建立的态度显著其环境风险感知的程度。在经济成本因素方面，粪污处理设施的运行成本对养猪户的环境风险感知构成一定的影响。而在情境因素中，猪场被抽查的次数和猪场污染被处罚的力度也显著影响养猪户的环境风险感知。

（3）养猪户的环境行为采纳偏低，大多数的养猪户仅实施某几项或某一项具体环境行为。养猪户的环境行为较多体现在对粪污的处理上，而对于养殖之前的选址、标准化建设以及投入品的规范使用采纳率较低。

结合养猪业的特点及深度访谈的结果，本书将养猪户对养猪户环境行为归纳总结为猪场的科学选址、标准化建设、粪污的无害化处理及资源化利用、投入品的规范使用以及病死猪的无害化处理5项。通过对湖北省规模生猪养殖户的调研发现，养猪户的环境行为实施率偏低，11.4%的养猪户未能实施任何环境行为，5项环境行为全部实施的养猪户比例仅达到12.1%。养猪户的环境行为更多的集中于对粪污的资源化利用和粪污处理设施的建立，而在生猪养殖之前的科学选址及生猪养殖过程的投入品的规范化使用、病死猪的无害化处理等这些环境行为的采纳率则较低。

（4）养猪户的环境风险感知与其环境行为的实施显著相关，养猪户的环境风险感知一定程度上正向影响其环境行为的实施，相较于环境风险原因感知，养猪户环境风险事实感知及风险损失感知对其环境行为采纳的影响更为显著。

通过相关性分析表明，养猪户的环境风险感知与其环境行为的实施存在显著的相关性。通过进一步的多元有序回归分析发现：①在养猪户的环境风险感知因素中，养猪户的环境风险事实感知对其环境行为采纳的影响最为显著，其中养猪户对养猪业给农村环境带来的破坏感知对其环境行为采纳的影响通过了1%的正向显著性检验。养猪户对猪场污染引起周围民众抱怨及冲突的感知的影响通过了5%的正向显著性检验。②在环境风险原因感知的影响中，仅养猪户对粪污未能进行有效处理和利用的感知对养猪户的环境行为采纳通过了1%的正向显著性检验。猪场未能进行标准化建设及建立粪污设施的感知通过了10%的正向显著性检验，其他的环境风险原因感知程度对环境行为的影响均未能通过显著性检验。③在环境风险损失感知的影响中，养猪户的水体感知污染和大气污染感知的影响通过了10%的正向显著性检验。

在养猪户的个体及经营特征对其环境行为采纳的影响中，猪场的组织化程度、养猪户养殖规模及养猪收入比重通过了1%的正向显著性检验。而其他的个体因素则未能通过显著性检验。

（5）养猪业约束型规制和激励型规制对环境风险感知—环境行为关系均存在一定调节作用，但约束型规制政策对养猪户环境风险事实感知—环境行为关系的调节更显著，而激励型规制政策则对养猪户环境风险原因感知—环境行为关系的促进作用更为显著。

通过对我国养猪业的环境规制政策进行梳理，将其分为约束型政策和经济激励型政策，接着结合深度访谈和问卷调查的结果，设计养猪业环境规制的测量量表，并对量表进行信效度检验。最后，在养猪户环境风险感知对其环境行为影响多元有序回归分析的基础上，运用层次回归分析法系统了分析养猪业环境规制对于养猪户环境风险感知—环境行为之间关系的调节效应。

分析结果显示：①在养猪业环境规制对养猪户环境风险事实感知—环境行为的作用上，环境规制政策对与猪场自身生产经营活动有直接相关性的猪场污染加剧疫病传播养猪户风险感知—环境行为关系调节作用显著。而对于养猪带来周围社会环境破坏感知—环境行为关系的调节作用则不显著。养猪业约束型环境规制对于猪场污染引发与周围民众冲突的感知—环境行为关系的调节作用显著。②在养猪业环境规制对养猪户环境风险损失感知—环境行为的作用上，养猪业环境规制政策对养猪户环境风险损失感知中土壤、水体污染感知—环境行为关系有显著性的调节作用。③养猪业的激励规制政策对养猪户的环境风险原因感知中猪场未能进行标准化建设的感知、粪污未能进行资源化利用的感知、病死猪未能进行无害化处理的感知—环境行为关系的调节效应均通过了5%的正向显著性检验。而养猪业约束规制政策仅对养猪户环境风险原因感知中猪场未能合理选址的感知、粪污未能进行合理有效使用的感知—养猪户环境行为关系通过了正向的显著性检验。而对于其他方面原因感知—环境行为关系的调节作用不显著。

8.2 政策启示

基于各章节的实证分析结果，并结合国外养猪业环境规制防范环境风险的先进经验以及自身的一些浅见，为防范我国养猪业的环境风险，促进养猪户环境行为的采纳提出了相应的对策建议，具体内容包括：

（1）重视养猪户环境风险感知的提高和环境意识的培养。环境风险感知作为养猪户环境行为实施的重要影响因素，要提高养猪户的环境风险感知，要做到：①充分发挥畜牧、环保等部门的职能，定期开展养殖培训，从产前、产中、产后三个阶段入手进行生猪养殖环境风险防控和规避的教育，全面提高养猪户的环保意识。②重视发挥养猪合作社等组织的宣传作用，加强大型养猪企业、养猪公司等示范和指导作用，进一步加强养猪的专职化。③重视对生猪养殖对环境产生影响的原因，以及生猪养殖对气候变化、相关产业等间接影响的宣传和教育工作。

（2）建立严格的猪场环境准入机制，从源头上对养猪业污染进行防控。加强生猪养殖准入环节的环境评价考核力度，进一步严格猪场标准化建设的审核以及畜禽准入证的发放。

（3）完善农村土地流转制度，完善粪肥交易制度，鼓励畜禽粪便资源化利用。鼓励养猪户通过转包、租赁、互换、转让、入股等多种形式开展土地流转，将养殖业与种植业结合起来，强调农牧结合以及生猪养殖废弃物的资源化利用。鼓励养猪户通过堆肥技术处理后制作有机肥，完善粪肥交易制度，使得养猪户能从粪肥交易获取丰厚的利润从而促进其粪肥资源化利用的积极性。

（4）加大对养猪业污染防治的财政支持和投入，加大对养猪户环境行为生态补偿的力度。首先，应改变当前经济激励型环境规制中对环境行为的补贴政策，由过去的重视设施建设补贴转变为设施建设补贴与设施运行费用补贴共同兼顾，采取以奖励代替补贴的形式，将补贴与运行直接关联起来，更好地发挥经济激励型规制政策对养猪户环境行为的促进作用。其次，应将养猪业经济激励约束政策与生猪养殖全过程结合起来，不仅重视猪场标准化建设和粪污综合利用资源化利用的补贴、病死猪的无害化处理，还应重视投入品合理使用等生猪养殖全过程的环境风险防范补贴。

（5）根据猪场规模及地方实际情况制定切实可行的猪场排放标准，加大对养猪户生猪养殖全过程环境行为实施状况的抽查力度和监控，以及违规行为的处罚措施。细化国家层面规则性的生猪污染防范规则，结合地方实际和猪场规模制定猪场排放标准，让猪场污染执法人员有据可依。对生猪养殖过程中包括猪场粪污利用情况、排污状况、投入品使用情况、病死猪的无害化处理等进行全方位的抽查，而不能只限于某一项环境行为的抽查。加大处罚的金额和力度，增强对猪场排污行为的威慑力。

（6）鼓励适度规模养殖，根据各地环境承载力程度进行生猪养殖规划。充分重视各地的养猪业土壤、水体环境承载程度，进行总量控制，不能盲目的过度追求生猪养殖的规模化。

（7）加大养猪户的专职化程度和组织化程度。鼓励养猪合作社更好地为养猪户提供帮助和服务，让养猪户逐渐地专职化能增强其养殖经验和环境风险防控的意识和能力。

（8）加强对猪场周围民众环境意识的教育，发挥周围民众对猪场环境的监督作用。养猪业的环境风险防控不仅需要政府和养猪户的努力，也需要周围群众的配合监督和支持。

8.3 研究展望

对养猪户环境风险感知及养猪户环境风险感知与其环境行为关系的研究目前还处于初始阶段，现有研究均较少涉及这一方面，本书所做的研究属于一种探索性的研究，有待于进一步研究和完善的方面还有很多，主要体现在：

1. 研究内容的进一步深入

本书中对于环境规制的研究，更多地集中在从政府层面出发，强调政府的环境规制，而对于环境规制中的其他主体如第三部门组织以及养猪行业组织、协会等对于养猪户的环境规制影响的研究还未涉及，有待于在今后的研究中进一步深入探讨。

2. 养猪业污染状况的测算

在本书对湖北省养猪业的污染状况测算中，仅测算了生猪的粪便所带来的土壤承载压力和氮、磷土壤负荷压力以及水体负荷压力，由于数据收集的局限性，未考虑到生猪养殖过程中投入品使用后生猪粪便中其他重金属污染以及病死猪尸体等废弃物所造成的环境污染，因而对养猪业的污染状况测算还不够全面，还有待于在今后的研究中进行进一步完善。

参考文献

[1] 毕军，杨洁，李其亮. 区域环境分析 [M]. 北京：中国环境科学出版社，2006.

[2] 朴仁哲，姜成，金玉姬. 微生物群菌群对鸡粪堆肥微生物相变化的影响 [J]. 延边大学农学学报，2015，27 (3)：174 - 178.

[3] [美] 保罗·斯洛维克. 风险感知：对心理测量范式的思考 [M]. 北京：北京出版社，2005.

[4] 曹丽红，齐振宏，罗丽娜. 我国养猪业碳排放时空特征及因素分解研究 [J]. 科技管理研究，2015 (12).

[5] 陈敏鹏，陈吉宁. 中国区域土壤表观氮平衡清单及政策建议 [J]. 环境科学，2007，28 (6)：1305 - 1310.

[6] 陈利，谢家智. 农户对农业灾难赔偿满意度的测量与减灾行为研究——基于15个省524户农户的入户调查 [J]. 农业经济问题，2013 (3)：56 - 63.

[7] 程胜高，周才鑫，刘大银. 化工厂环境风险评估方法探讨 [J]. 环境污染与防治，1997 (5).

[8] 程火生，崔哲浩. 长白山地区生态旅游环境承载力与可持

续发展研究 [J]. 延边大学农学学报, 2010, 32 (1): 39 -43.

[9] 陈晓萍, 徐淑英, 樊景立. 组织与管理研究的实证方法 [M]. 北京: 北京大学出版社, 2008.

[10] 曹玉凤, 李建国. 奶牛场粪尿无害化处理技术 [J]. 中国奶牛, 2004 (2): 56 -57.

[11] [美] Dennis L, Meadows. 增长的极限 [M]. 长春: 吉林大学出版社, 1997.

[12] 段红霞. 跨文化社会价值观和环境风险认知的研究 [J]. 社会科学, 2009 (6): 78 -85.

[13] 戴旭明. 加拿大牧场的粪便处理技术 [J]. 浙江畜牧兽医, 2000 (1): 42 -43.

[14] 高海霞. 消费者感知风险及行为模式透视 [M]. 北京: 科学出版社, 2009.

[15] 龚文娟. 中国城市居民环境友好行为之性别差异分析 [J]. 妇女研究论丛, 2008 (6).

[16] 韩冬梅, 金书秦, 沈贵银, 梁健聪. 畜禽养殖污染防治的国际经验与借鉴 [J]. 世界农业, 2013 (5): 8 -12.

[17] [日本] 黑川哲志著, 肖军译. 环境行政的法理与方法 [M]. 北京: 中国法制出版社, 2008.

[18] 胡浩, 张晖, 黄士新. 规模养殖户健康养殖行为研究——以上海市为例 [J]. 农业经济问题, 2009 (8): 25 -31.

[19] 胡浩, 应瑞瑶, 刘佳. 中国生猪产地移动的经济分析——从自然性布局向经济型布局的转变 [J]. 中国农村经济, 2005 (12): 46 -60.

[20] 黄灿，李季．畜禽粪便恶臭的污染及其治理对策的探讨[J]．家畜生态，2004，25（4）：211-213.

[21] 黄敬宝．外部性理论的演进及其启示[J]．生产力研究，2006（7）：22-24.

[22] 黄学康．规模猪场建设标准化及防疫规范化的浅见[J]．畜牧业.2010，251（3）：48-51.

[23] 贾丽虹．外部性理论及其政策边界[D]．华南师范大学，2003.

[24] [美] 库尔特．卢因．社会科学中的场论[D]．北京：人民出版社，1968.

[25] [英] 斯科特·拉什著，王武龙编译．风险社会与风险文化[J]．马克思主义与现实，2002（4）.

[26] [美] 蕾切尔·卡逊．寂静的春天[M]．北京：中国译文出版社，2015.

[27] 李飞，董锁成．西部地区畜禽养殖污染负荷与资源化路径研究[J]．资源科学，2011，33（11）：2204-2211.

[28] 李贵美，彭福田，肖元松，张华美，王兆燕．鲁中山区桃园土壤养分状况评价与氮磷负荷风险研究[J]．山东农业大学学报自然科学版，2011，42（3）：392-400.

[29] 李华强，范春梅，贾建民，王顺洪，郝辽刚．突发性灾害中的公众风险感知与应急管理——以5.12汶川地震为例[J]．管理世界，2009（6）：52-60.

[30] 李惠斌．全球化与公民社会[M]．南宁：广西师范大学出版社，2003.

[31] 李纪周. 天津市规模化畜禽养殖场粪污处理及资源化利用调查研究 [D]. 中国农业科学院, 2011.

[32] 李文娟. 影响个人环境保护行为的多因素分析——来自武夷山市的调查研究 [D]. 厦门大学, 2006.

[33] 梁晶. 畜禽粪便资源能源化利用技术和厌氧发酵法生物制氢 [J]. 环境科学与管理, 2012, 37 (3): 26 - 29.

[34] 林天生, 李杨洁, 李晓莉. 基于公众政府信任度的温室气体风险感知研究 [J]. 安全与环境学报, 2013 (5): 146 - 151.

[35] 林孝丽, 周应恒. 稻田种养结合循环农业模式生态环境效应实证分析 [J]. 中国人口资源与环境, 2012, 22 (3): 37 - 42.

[36] 刘金平, 周广亚, 黄宏强. 风险认知的结构、因素及其研究方法 [J]. 心理科学, 2006, 29 (2): 370 - 372.

[37] 刘健民, 陈果. 环境管制对 FDI 区位分布影响的实证分析 [J]. 中国软科学, 2008 (1): 102 - 107.

[38] 刘钧. 风险管理概论 [M]. 北京: 清华大学出版社, 2008.

[39] 刘万利. 养猪户质量安全控制行为研究——以四川地区为例 [D]. 四川农业大学, 2006.

[40] 刘向明. 猪场发酵床垫料卫生研究 [D]. 华中农业大学, 2012.

[41] 刘研华, 王宏志. 我国环境规制效率的变化趋势及对策研究 [J]. 生态经济, 2009 (11): 172 - 175.

[42] 牛文元. 可持续发展理论的内涵认知 [J]. 中国人口·资源与环境, 2012, 22 (5): 9 - 14.

[43] 牛文元．中国可持续发展的理论与实践［C］．可持续发展20年学术研讨会，2012，27（3）：280-289.

[44] 索东让，王平．河西走廊有机肥增产效应研究［J］．土壤通报，2002，33（5）：396-398.

[45] 司晓磊．环境友好型生猪养殖产业体系的构建研究［D］．南京农业大学，2010.

[46] 潘家华．持续发展途径的经济学分析［M］．北京：中国人民大学出版社，1997.

[47] 彭里．畜禽粪便环境污染的产生及危害［J］．家畜生态学报，2005，26（4）：103-106.

[48] 彭里，古文海，魏世强，王定勇．重庆市畜禽粪便排放时空分布研究［J］．中国生态农业学报，2006，14（4）：213-216.

[49] 彭黎明．气候变化公众风险认知研究［D］．武汉大学，2010.

[50] 彭远春．国外环境行为影响因素研究述评［J］．中国人口资源与环境，2013，23（8）：140-145.

[51]［美］R. 科斯．企业、市场与法律［M］．上海：上海三联书店，1990.

[52] 沈能，刘凤朝．高强度的环境规制真能促进技术创新吗？——基于“波特假说”的再检验［J］．中国软科学，2012（4）：49-59.

[53] 苏扬．我国集约化畜禽养殖场污染问题研究［J］．中国生态农业学报，2006，14（4）：15-18.

[54] 孙鳌．治理环境外部性的政策工［J］．云南社会科学，2009（5）：94－97.

[55] 孙华．病死猪无害化处理要点［J］．中国畜牧兽医文摘［J］．2012，28（11）：129－130.

[56] 孙丽欣，丁欣，张汝飞．国外农村环保政策经验及我国农村环保政策体系构建［J］．中国水土保持，2012（2）：21－24.

[57] 孙祁祥．保险学［M］，北京：北京大学出版社，2009.

[58] 孙茜．美国对畜牧业财政支出的政策及做法［J］．山西农业，2007（6）：52－53.

[59] 孙跃．产业集群知识员工离职风险感知对离职意愿影响研究［D］．华中科技大学，2009.

[60] 谭千保，钟毅平，张英．大学生环境意识与环境行为的调查研究［J］．心理科学，2003，26（3）：542－544.

[61] 唐剑武，叶文虎．环境承载力的本质及其定量化初步研究［J］．中国环境科学，1998，18（3）：36－39.

[62] 唐孝炎．环境保护与可持续发展［M］．北京：高等教育出版社，2004.

[63] 田允波．规模化养猪生产的环境污染及防治［J］．中国畜牧兽医，2006，33（5）：3－6.

[64] 王芳．理性的困境：转型期环境问题的社会根源探析——环境行为的一种视角［J］．华东理工大学学报，2007（1）.

[65] 王方浩，马文奇，窦争霞等．中国畜禽粪便产生量估算及环境效应［J］．中国环境科学，2006，26（5）：614－617.

[66] 王海涛．产业链组织、政府规制与生猪养殖户安全生产

决策行为研究［D］. 南京农业大学，2012.

［67］王建明. 资源节约意识对资源节约行为的影响——中国文化背景下一个交互效应和调节效应模型［J］. 管理世界，2013（8）：77－100.

［68］王凯军，金冬霞，赵淑霞等. 畜禽养殖污染防治技术与政策［M］. 北京：化学工业出版社，2004.

［69］王磊. 环境风险的社会放大的心理机制研究［D］. 吉林大学，2014.

［70］王立刚，李虎，王迎春，邱建军. 小清河流域畜禽养殖结构变化及其粪便氮素污染负荷特征分析［J］. 农业环境科学学报，2011（5）.

［71］王齐. 环境规制促进技术创新及产业升级的问题研究［D］. 山东大学，2005.

［72］汪伟全. 风险放大、集体行动和政策博弈——环境类群体事件暴力抗争的演化路径研究［J］. 公共管理学报，2015，12（1）：127－159.

［73］温忠麟，侯杰泰，张雷. 调节效应与中介效应的比较和应用［J］. 心理学报，2005（2）.

［74］武春友，孙岩. 环境态度与环境行为及其关系研究的进展［J］. 预测，2006，25（4）：61－65.

［75］邬兰娅，齐振宏，李欣蕊等. 养猪农户环境风险感知与生态行为响应［J］. 农村经济，2014（7）：98－102.

［76］肖宏. 环境规制约束下污染密集型企业越界迁移及其治理［D］. 复旦大学，2008.

[77] 谢地. 政府规制经济学 [M]. 北京：高等教育出版社，2003.

[78] [英] 谢尔顿·克里姆斯基，多米尼克·戈尔丁编著，徐元玲等译，风险的社会理论学说 [M]. 北京：北京出版社，2005.

[79] 谢晓非，谢冬梅，郑蕊，张利沙. SARS 危机中公众理性特征初探 [J]. 管理评论，2003 (4).

[80] 谢晓非，徐联仓. 风险认知研究概况及理论框架 [J]. 心理学动态，1995 (3)：17 - 22.

[81] 谢晓非，徐联仓. 公众风险认知调查 [J]. 心理科学，2002 (6).

[82] 谢晓非，徐联仓. 公众在风险认知中的偏差 [J]. 心理学动态，1996 (2).

[83] 许世璋. 我们真能教育出可解决环境问题的公民吗？——论环境教育与环境行动 [J]. 台湾中等教育，2001，52 (2)：52 - 75.

[84] 许世璋. 影响花莲环保团体积极成员其环境行动养成之重要生命经验研究 [J]. 台湾科学教育学刊. 2003，11 (2)：121 - 139.

[85] 薛伟贤，刘静. 环境规制及其在中国的评估 [J]. 中国人口资源与环境，2010，20 (9)：70 - 77.

[86] 杨智，邢雪娜. 可持续消费行为影响因素质化研究 [J]. 经济管理，2009，31 (6)：100 - 105.

[87] 杨洁，孟庆艳，孙磊. 无锡公众太湖蓝藻风险感知分析 [J]. 苏州科技学院学报，2010 (1).

[88] 于丹，董大海，刘瑞明，原永丹. 理性行为理论及其拓

展研究的现状与展望［J］. 心理科学研究进展，2008，16（5）：796－802.

［89］于清源，谢晓非. 环境中的风险认知特征［J］. 心理科学，2006（4）：362－365.

［90］远德龙，宋春阳. 畜禽粪污资源化利用方式探讨［J］. 畜牧与饲料科学，2013，34（10）：92－94.

［91］袁业畅，王凯，汪金福. 化工建设项目环境风险评价方法探讨［J］. 湖北气象，2005（3）：5－12.

［92］岳丹萍. 江苏省养猪业污染与对策的实证研究——基于农户行为的分析［D］. 南京农业大学，2008.

［93］［美］詹姆斯·M·布坎南著，马珺译. 公共产品的需求与供给［M］. 上海人民出版社，2009.

［94］张树清，张夫道，刘秀梅，王玉军，邹绍文，何绪生. 规模化养殖畜禽粪主要有害成分测定分析研究［J］. 植物营养与肥料学报，2005，11（6）：882－829.

［95］张彩英. 日本畜产环境污染的现状及其对策［J］. 农业环境与发展，1992（2）：6－9.

［96］张晖. 中国畜牧业面源污染研究——基于长三角地区生猪养殖户的调查［D］. 南京农业大学，2010.

［97］［日］植草益著，朱绍文译. 政府规制经济学［M］. 北京：中国发展出版社，1992.

［98］张维理，武淑霞，冀宏杰，Kolbe H. 中国农业面源污染形势估计及控制对策 I：21 世纪初期中国农业面源污染的形势估计［J］. 中国农业科学，2004，37（7）：1008－1017.

[99] 张绪美，董元华，王辉等．中国畜禽养殖结构及其粪便N污染负荷特征分析 [J]．环境科学，2007，28 (6)：1311 -1318.

[100] 张嫚．环境规制约束下的企业行为 [D]．东北财经大学，2005.

[101] 张天宇．青岛市环境承载力综合评价研究 [D]．中国海洋大学，2008.

[102] 张郁，齐振宏，孟祥海等．生态补偿政策情境下家庭资源禀赋对养猪户环境行为影响研究 [J]．农业经济问题，2015 (6)：82 -91.

[103] 赵红．美国环境规制的影响分析与借鉴 [J]．经济纵横，2006 (1)：55 -57.

[104] 赵建欣．农户安全蔬菜供给决策机制研究——基于河北、山东、浙江菜农的实证 [D]．浙江大学，2008.

[105] 张振，乔娟．中国生猪生产布局影响因素实证研究——基于省级面板数据 [J]．统计与信息论坛，2011，26 (8)：61 -67.

[106] 张玉梅．基于循环经济的生猪养殖模式研究——以北京市为例 [D]．中国农业大学，2015.

[107] 赵玉民，朱方明，贺立龙．环境规制的界定、分类与演进研究 [J]．中国人口·资源与环境，2009，19 (6)：85 -90.

[108] 曾星凯，孔晟等．生物发酵降解法处理病死猪浅析 [J]．江西畜牧兽医杂，2015 (1)：23 -24.

[109] 郑时宜．影响环保团体成员三种环境行为意向之因素的比较 [D]．台北：树德科技大学，2004.

[110] [美] 珍妮卡斯帕森，罗杰·卡斯帕森．风险的社会视

野（上、下）[M]. 北京：中国劳动社会保障出版社，2010.

[111] 周峰. 基于食品安全的政府规制与农户生产行为研究——以江苏省无公害蔬菜生产为例 [D]. 南京农业大学，2008.

[112] 朱冬亚，李适宇，张培坚，李耀初，朱彦锋，蒋燕. 规模化畜禽业污染对环境的影响及防治措施 [J]. 家畜生态，2004，25（4）：193－195.

[113] 朱建春，张增强，樊志明，李荣华. 中国畜禽粪便的能源潜力与氮磷耕地负荷及总量控制 [J]. 农业环境科学学报，2014，33（3）：435－445.

[114] 周轶韬. 规模化养殖污染治理的思考 [J]. 内蒙古农业大学学报（社会科学版），2009，11（1）：117－120.

[115] 朱兆良. 推荐氮肥适宜用量的方法论刍议 [J]. 植物营养与肥料学报，2006，12（1）：1－4.

[116] 邹晓霞，李玉娥，高清竹等. 中国农业领域温室气体主要减排措施研究分析 [J]. 生态环境学报，2011，20（8）：1348－1358.

[117] Ajzen, I. The Theory of Planned Behavior [J]. Organizational Behavior and Human Decision Processes, 1991, 50 (2): 179－211.

[118] Alfred Marshall. A Principles of Economics [M]. London: Macmillan, 1920.

[119] Atkinson S. E., Lewis D. H. A Cost-effectiveness Analysis of Alternative Air Quality Control Strategies [J]. Journal of Environmental Economics and Management, 1974, 1 (3): 237－250.

[120] Barnett J. , Breakwell G. M. Risk Perception and Experience: Hazard Personality Profiles and Individual Differences [J]. Risk Analysis, 2001, 21 (1): 171 – 178.

[121] Baron, R. A. Cognitive mechanisms in entrepreneurship: Why and when entrepreneurs think differ ently than other people [J]. Joumal of Business venturing, 1998, 13 (4): 275 – 294.

[122] Barr S. Strategies for sustainability: citizens and responsible environmental behaviour [J]. Area, 2003, 35 (3): 227 – 240.

[123] Baumol W. J. Oates W. E. The Theory of Environmental Policy [M]. Cambridge, England: Cambridge University Press, 2004: 286 – 287.

[124] Bubeck P. , Botzen W. J. W. , Aerts, J. H. A review of risk perceptions and other fectors that influence flood mitigation behavior [J]. Risk Analysis, 2012 (32): 1481 – 95.

[125] Casey J. W. , Holden N. M. The relationship between greenhouse gas emissions and the intensity of milk production in Ireland [J]. Journal of Environmental Quality, 2005, 34: 429 – 436.

[126] Chan R. Y. K. Determinants of Chinese consumers' green purchase behavior [J]. Psychology & Marketing, 2001, 18 (4): 389 – 413.

[127] Chauvin B. , Hermand D. , Mullet E. Risk Perception and Personality Facets [J]. Risk Analysis, 2007 (1): 171 – 185.

[128] Choudhary M. , Balley L. D. , Grant C. A. Review of the use of swine manure in crop production: Effects on yield and composition

and on soil and water quality [J]. Waste Management & Research, 1996 (14): 581 -595.

[129] Christiansen G. E. , Haveman R. H. The Contribution of Environmental Regulations to Slowdown in Productivity Growth [J]. Journal of Environmental Management, 1981, 8 (4): 381 -390.

[130] Cox D. F. Risk-taking and Information Handing in Consumer Behavior [M]. Harvard Business press, Boston, MA, 1967: 34 -81.

[131] Covello V. T. , Peters R. G. , Wojtecki J. G. , Hyde R. C. Risk Communication, the West Nile Virus Epidemic, and Bioterrorism: Responding to the Communication Challenges Posed by the Intentional or Unintentional Release of a Pathogen in an Urban Setting [J]. Journal of Urban Health: Bulletin of the New York Academy of Medicine, 2001, 78 (2): 382 -391.

[132] Deborah Lupton. Risk and Social Cultural Theory: New Directions and Perspectives [M]. Cambridge: Cambridge University Press, 1990.

[133] Denison E. F. Accounting for Slower Economic Growth: The United States in the 1970s [J]. Southern Economic Journal, 1981, 47 (4): 1191 -1193.

[134] Douglas M. Risk Acceptability in the Social Science [M]. London: Routledge and Kegan paul, 1986.

[135] Douglas M. Wildavsky A. Risk and Culture, an essay on the selection of Technological and Envoromental Dangers [M]. Berkeley: University of California Press, 1982.

[136] Dunlap R. Environmental sociology: A personal perspective on its first quarter century [J]. Organization & Environment, 2002, 15 (1): 10 -29.

[137] Evans P. O., Westerman P. W., Overcash M. R. Subsurface drainage water quality from land application of seine lagoon effluent [J]. Transactions of the American Society of Agricultural and Biological Engineers, 1984, 27 (2): 473 -480.

[138] Fischhoff, B. et al. How safe is safe enough? A Psychometric Study of attitudes towards technological risks and benefits [J]. Policy Sciences, 1978 (9): 127 -152.

[139] Flynn J., Slovic P., Mertz C. K. Gender. Race, and perception of environmental health risks [J]. Risk Analysis, 1994, 14 (6): 1101 -1108.

[140] Frick, J. and Kaiser, F. G. and Wilson, M. Environmental Knowledge and Conservation Behavior: Exploring Prevalence and Structure in a Representative Sample [J]. Personality and Individual Differences, 2004, 37 (8): 1597 -1613.

[141] Gatersleben B., Steg L., Vlek C. Measurement and determinants of environmentally significant consumer behavior [J]. Environment and Behavior, 2002, 34 (3): 335 -362.

[142] Gollop F. M., Robert M. J. Enviromental Regulations and Productivity Growth: The Case of Fossil fueled Electric Power generation [J]. Journal of Political Economy, 1983, 91 (4): 654 -655.

[143] Gray W. B. The cost of regulation: OSHA, EPA and the

Productivity Slowdown [J]. American Economic Review, 1987, 77 (5): 998-1006.

[144] Guagnano G. A., Stern P. C., Dietz T. Influences on attitude-behavior relationships: A natural experiment with curbside recycling [J]. Environment and Behavior, 1995 (27): 699-718.

[145] Harold H. K. Personality and Consumer Behaviour: A Review. Journal of Marketing Research, 1971, 8 (4): 409-418.

[146] Hines J. M., Hungerford H. R., Tomera A. N. Analysis and synthesis of researchon responsible environmental behavior: A meta-analysis [J]. Journal of Environmental Education, 1986, 18 (2): 1-8.

[147] Hungerford H. R., Peyton R., Wilke R. Goals for curriculum development in environmental education. The Journal of Environmental Education [J]. 1980, 11 (3): 42-47.

[148] Jacoby J., Kaplan L. B. The components of perceived risk [C]. Proceedings in Third Annual Conference, Asscociation for Consumer Reaearch . Chicago: University of Chicago, 1972.

[149] Jenkins R. Environmental regulation and International competitiveness: A review of literature and some European evidence [J]. Disscussion Paper, 1998, 6 (10): 189-223.

[150] Kahan D., Wittlin M., Peters E. et al. The Tragedy of the Risk-Perception Commons: Culture Conflict, Rationality Conflict, and Climate Change [J]. Temple University Legal Studies Research Paper, 2011 (26): 14-17.

[151] Kahneman, D., Tversky, A. A pospect theory: An anaysis

of decisions under risk [J]. Econometrica, 1979 (47): 313 -327.

[152] Kaiser F. G., Wölfing S., Fuhrer U. Environmental attitude and ecological behavior [J]. Journal of Environmental Psychology, 1999 (19): 1 -19.

[153] Kasperson, R. E., Renn, O., Slovic, P. et al. The social amplification of risk: A conceptual framework [J]. Risk Analysis, 1988, 8 (2): 177 -187.

[154] Lai J. C., Tao J. Perception of Environmental Hazards in Hong Kong Chinese [J]. Risk Analysis, 2003, 23 (4): 669 -684.

[155] Lovett D. K., Shalloo L., Dillon P. et al. A systems approach to quantify greenhouse gas fluxes from pastoral dairy production as affected by management regime [J]. Agricultural Systems, 2006, 88 (2/3): 156 -179.

[156] Lazo J. K., Kinnell J. C., Fisher A. Expert and layperson perception of ecosystem risk [J]. Risk Analysis, 2000, 20 (2): 179 -193.

[157] Loeb, M. Magat, W. A Decentralized Method of utility regulation [J]. Journal of Law and Ecnomics, 1979 (22): 339 -404.

[158] Deborah Lupton, D. Risk and Sociocultural Theory. Cambridge: Cambridge University Press. 2005.

[159] Lynn, Frewer. The public and Effective Risk Communication [J]. Toxicology Letters, 2004 (149): 391 -397.

[160] Malueg David A. Emission Credit Trading and the Incentive to Adopt New Pollution Abatement Technology [J]. Journal of Environmental

Economics and Management , 1989 (16): 52 -57.

[161] Marcinkowski T. J. An analysis of correlates and predictors of responsible enviromental behaviour [D]. Southern Illinois University at Carbondale, 1988.

[162] Oenema O. , Van Liere E. , Plette S. et al. Environmental effects of manure policy options in the Netherlands [J]. Water Science and Technology, 2004, 49 (3): 101 -108.

[163] McDaniels T. , Axelrod L. J. , Slovic P. Characterizing Perception of Ecological Risk [J]. Risk Analysis, 1995, 15 (5): 575 -588.

[164] O. Renn, B. Rohrmann. Cross-cultural studies on the perception and evaluation of hazards [J]. Technology, risk , and Society, 2000 (13): 211 -233.

[165] Otway, H. J. and D. V. Winterfeldt. Beyond Acceptable Risk: On the Social Acceptability of Technologies [J]. Policy Sciences, 1982, 14 (3): 247 -256.

[166] Owen, Braentigam, the Regulation game: Strategic uses of Adminstative Process [M]. 1978.

[167] Paul A. Samuelson. The pure theory of public expenditure [J]. The review of Economics and statistics, 1954, 36 (4): 387 -389.

[168] Peter, J. P. , Tarpey Sr, lawrence X. A comparative analysis of three consumer decision strategies [J]. Journal of Consumer Research, 1975, 2 (1): 29 -37.

[169] Pidgeon. N. Hood. C. Jones. D. Tume. B. & Gibson. Risk Perception in risk Analysis [J]. Perception and management, A report of the royal society study, 1992.

[170] Poortinga W., Steg L., Vlek C. Values, environmental concern, and environmental behavior: A study into house-hold energy use [J]. Environment and Behavior, 2004, 36 (1): 70–93.

[171] Porter M. E. America's green strategy [J]. Scientific American, 1991 (4): 168.

[172] Posner, R. A. Theories of Ecnomics Regulation, The Bell Journal of Ecnomics and Management science, 1974 (2): 335–358.

[173] Press, Melea and Arnould, Eric J. Constraints on Sustainable Energy Consumption: Market System and Public Policy Challenges and Opportunities [J]. Journal of Public Policy & Marketing. 2009, 28 (1): 102–113.

[174] Renn, O., Burns, W. J., Kasperson, J. X., Kasperson, R. E. & Slovic, P. The social amplification of risk: Theoretical foundations and empirical applications [J]. Journal of Social Issues, 1992, 48 (4): 137–160.

[175] Roselius T. Consumer ranking of risk reduction methods [J]. Journal of Marketing, 1971, 35 (1): 56–61.

[176] Sia A. P., Hungerford H. R., Tomera A. N. Selected prectiors of responsile environmental behavior an analysis [J]. The Journal of Environmental Education, 1986, 17 (2): 31–40.

[177] Simon M., Houghton S. M., Aquino K. Cognitive biases, risk

perception, and venture formation: How individuals decide to start companies [J]. Journal of Business Venturing, 2000, 15 (2): 113 – 134.

[178] Sitkin, S. & Pablo, A. Reconceptualizing the determinants of risk behavior [J]. Academy of Management Review, 1992.

[179] Sivek D. J., Hungerford H. R. Predictors of responsile behavior in members of three wisconsin conservation organzations [J]. The Journal of Environmental Education, 1990, 21 (2): 35 – 40.

[180] Sjoberg L. The Risks of Risk Analysis [J]. Acta Paychologica, 1980 (45): 301 – 321.

[181] Slovic P. Perception of risk [J]. Science, 1987 (236): 280 – 285.

[182] Smith K. A., Chalmers A. G., Chambers B. J. et al. Organic manure phosphorus accumulation, mobility and managemnet [J]. Soil use and management, 1998 (14): 154 – 159.

[183] Spence H. E., Engel J. F., Blackwell R. D. Perceived Risk in mail-order and retail store buying. Journal of Marketing Research, 1970, 7 (3): 364 – 369.

[184] Square R. Exploring the relationship between enviromental regulation and competitiveness-a literature review [R]. Working Paper, 2005 (6): 7 – 8.

[185] Staats, H. and Harland, P. and Wilke, H. A. M. Effecting Durable Change: A Team Approach to improve Environmental Behavior in the Household, Environment and Behavior [J]. 2004, 36 (3): 341 – 367.

[186] Starr. C. Social benefit versus technological risk [J]. Science, 1969, 165 (3899): 1232 - 1238.

[187] Stern P. C. Towards a coherent of environmentally significant behaviour [J]. Journal of Social Issues, 2000, 56 (3): 407 - 424.

[188] Stavins R. N. Market - Based environmental Policies [J]. Public Policy for environmental protection, 2007 (2): 159 - 173.

[189] Stern P. C., Dietz T., Abel T., Guagnano G. A. et al. A value-belief-norm theory of support for social movements [J]. The case of enviromentalism Research in Human Ecology, 1999, 6 (2): 81 - 97.

[190] Stern P. C., Oskamp S. Managing scarce environmental resources [A]. //Stokols D, Altman I. Handbook of Environmental Psychology [M]. New York: Wiley, 1987.

[191] Stegel P. E., Johnson T. G. Measuring the Economic Impact of Reducing Environmentally Damaging Production Activities [J]. The Review of Regional Studies, 1993, 23 (3): 237 - 253.

[192] Tanner C. Constraints on Enviromental Behavior [J]. Journal of Enviromental Psychology, 1999 (19): 145 - 157.

[193] Taylor J. W. The role of risk in consumer behavior. Journal of Marketing, 1974, 38 (2): 54 - 60.

[194] Ulrich Beck. Risk Society: Toward a New Modernity [M]. London: Sage Publications, 1992.

[195] Vlek C., Stallen P. C. Judging risks and benefits in the small and in the large [J]. Organzational Behaviour and Human Performance, 1981, 28 (2): 235 - 271.

[196] Von Borgstede C., Biel A. Pro-environmental behaviour: Situationl bassiers and concern for the good at stake? [J]. Gteborg Psychological Reports, 2002 (32): 1 – 10.

[197] Weinstein, N. D. Unreslistic optimism about susceptibility to health problems: Conclusions from a community-wide sample [J]. Journal of Behavior Medicine, 1987, 10 (5): 481 – 500.

[198] Weitxman M. L. Prices vs. Quantities [J]. Review of Economic Studies, 1974, 41 (4): 477 – 191.

[199] Wildavky A. and Dake K. Theories of risk perception: Who fearswhat and why? [J]. Dadulus, 1990 (119): 41 – 60.

[200] Wood Charles M., Scheer Lisa K. Incorporating Perceived Risk into Models of Consumer Deal Assessment and Purchase Intent [J]. Advances in Consumer Research, 1996 (23): 399 – 45.

[201] Xing Y., Kolstad C. D. Do Lax Environmental Egulations Attract ForeigninVestment? [J]. Environmental and Resource Economics, 2002 (22): 86 – 113.

后　记

本书是以我的博士论文为基础，全书由我及汪超先生精心编撰、统稿，并最终形成。在本书的形成过程中，得到了很多老师、亲人和朋友的指导、帮助和支持。借此机会向他们表示感谢。

首先，要感谢导师齐振宏教授以及齐门的姐妹们。非常荣幸在华中农业大学经济与管理学院的四年时光能在齐振宏教授带领的团队中学习，这四年每周的例会和集体调研都让我体会到了团队的力量和多次思想火花的碰撞。团队在本书选题和研究思路、数据的整理上也提供了大量的帮助。

其次，要感谢在博士四年里，李崇光教授、青平教授、张俊飚教授、王雅鹏教授、李艳军教授、周德翼教授、罗小锋教授、李谷成教授等在理论知识、科研方法的传授和教诲，让我拥有了更完整的知识结构。

特别要感谢华中农业大学的李斌教授、南京农业大学的朱筱玉老师、西北农林科技大学的刘学波教授、刘天军教授、淮阴师范学院的孟祥海博士，感谢您们在本书写作中的多次帮助和关心，感谢武汉市江夏区畜牧局的宋文登局长、况辉科长，大悟县畜牧局甘国州科长、陈俊猛等相关领导，武汉市金龙畜牧公司王辉经理、武汉市银河生态农业有限公司胡贤和先生、湖北楚越畜牧有限公司魏明放经理等猪场负责人在访谈和调研中提供的大量素材、悉心解答和无私陪同。

在本书的写作过程中，还得到了湖北业大学经济与管理学院的领导王德发院长、陈梅花书记、孙浩院长等的支持，以及同事江易华博士、李太博士、赵芬芬博士、张翼博士等的帮助和支持，在此一并对他们表示衷心的感谢。

再其次，要感谢父母、哥哥、姐姐以及宝贝洋洋一直以来对我无私的包容、鼓励、付出、关心和帮助，充当我最坚强的后盾。

最后，感谢经济科学出版社的编辑人员为本书的出版所付出的辛勤劳动。

由于受到主客观条件的限制，书中错漏之处难免，敬请专家、学者、同仁批评、指正。

张郁　汪超

2017年3月